风景钢笔画技法指南与实例详解

王林 著

机械工业出版社

本书从风景钢笔画的基础知识到各风景元素的技法指南再到小品和整个景观的实例步骤,紧密贴合实战技法,由浅入深地逐步带领大家学习钢笔画的表现技法。内容包括植物、景观情景人物、庭院、园林微景观、建筑风景的表现技法指南与实例步骤。

本书可作为高等院校及高职高专院校的风景园林设计、园林设计、环境艺术、城市规划、建筑、景观等相关专业的钢笔画速写教材,帮助高校学生快速提升钢笔画水平,同时,也适合设计院所从业人员及广大美术爱好者学习和使用。

图书在版编目(CIP)数据

风景钢笔画技法指南与实例详解 / 王林著. —北京:机械工业出版社,2021.4
ISBN 978-7-111-67476-4

Ⅰ.①风… Ⅱ.①王… Ⅲ.①建筑画-风景画-钢笔画-绘画技法 Ⅳ.①TU204.111

中国版本图书馆CIP数据核字(2021)第023192号

机械工业出版社(北京市百万庄大街22号 邮政编码100037)
策划编辑:时 颂 责任编辑:时 颂 吴海宁
责任校对:王 欣 封面设计:马精明
责任印制:张 博
三河市宏达印刷有限公司印刷

2021年3月第1版第1次印刷
184mm×260mm·12印张·220千字
标准书号:ISBN 978-7-111-67476-4
定价:49.00元

电话服务 网络服务
客服电话:010-88361066 机 工 官 网:www.cmpbook.com
        010-88379833 机 工 官 博:weibo.com/cmp1952
        010-68326294 金 书 网:www.golden-book.com
封底无防伪标均为盗版 机工教育服务网:www.cmpedu.com

前 言
PREFACE

本书紧密结合专业知识,系统地讲解了钢笔画的表现技法,并列举了详细的实例步骤,改变了以往教学理论与实践相脱节的情况,学生可以边学习边参考,有助于快速提高学生的钢笔画手绘水平。

就园林及风景园林专业而言,很多学生往往没有任何美术基础,因此对于学习钢笔画有畏难情绪,缺乏足够的信心,其实大可不必。钢笔画不同于素描,更多的时候钢笔画往往被纳入速写的范畴,对透视及造型的严谨苛刻程度远不及素描,尤其是快题及效果图表现。所以,学习钢笔画并不是一件困难的事情,只要找准科学的学习方法并加强练习,便会发现掌握这一技法并不是件难事。

钢笔画的学习除了系统学习理论知识以外,还需要多加练习,绘画时不仅需要严谨的学习态度,还应有必要的激情和活力,因为钢笔画的每根线条都包含情绪的亢奋或低沉,不是无病呻吟的存在,这就要求大家对所画的造型有充分的认识,并能合理归纳和总结,用心感受画面线条存在的意义,而不是随意涂抹。

本书从风景钢笔画的基础知识到各风景元素的技法指南再到小品和整个景观的实例步骤,由浅入深地逐步带领大家学习钢笔画的表现技法。内容包括植物、景观情景人物、庭院、园林微景观、建筑风景的表现技法指南与实例步骤。

本书图稿均是作者近期的速写作品,尽管不尽善尽美,但是每张作品都充满了无限的创作热情和力量,并体现出作者对钢笔画痴心不改的执着。图稿表现相对容易一些,适合初学者学习和临摹。钢笔画的学习大多需要经过理论知识的理解和作品的临摹、借鉴、写生、创作等阶段,每个阶段都充满了不同的乐趣,我们不奢求一步登天,但希望每天都有进步,爱上并享受这个过程,日积月累,相信你可以自信并能随心所欲地驾驭钢笔线条。

本书难免有疏忽和不足之处,望广大读者及同行老师们多提宝贵意见,特此感谢!

王林

2021 年 1 月

目录 | CONTENTS

第一章 风景钢笔画基础
CHAPTER ONE

第一节 风景钢笔画概述

一、概述

风景钢笔画从表现的翔实程度来讲，一般有写实表现与概括表现两种方式。前者侧重对风景的真实再现，画面真实而细腻，耗时较长；而后者则是采用概括方式在较短的时间内对风景进行归纳和表现。写实表现要求画者具备扎实的素描造型基础和处理空间层次的能力，能够对所画场景有深入的理解和认识；概括表现同样要求画者对所画场景有着充分理解并用精炼的线条及笔触准确概括。

我们可以从简单的造型练起，逐步掌握钢笔画的表现技法，随着学习的深入慢慢理解和掌握写实表现与概括表现两种表现方式（图 1-1～图 1-3）。

图 1-1 写实表现 1

图 1-2 写实表现 2

图 1-3 概括表现

二、工具选择与使用

风景钢笔画主要是以钢笔或中性笔来作为绘画工具，当然也可选择针管笔或蘸水笔。钢笔在绘写当中下水充沛，线条流畅，但也存在一些不足，如选用纸张不应太软，素描纸、速写纸等纸张均不太适宜，当钢笔笔尖停留在纸张上时间较长时纸张会有吸墨水的情况，且笔尖构造不适宜快速绘画。

中性笔是平时绘画中比较常见的绘画工具，油墨黏度较低，绘画手感舒适，而且品类款式较多，价格低廉，比较适合绘画。

作者建议大家选择笔尖为 0.5mm 的中性笔更为合适，当然大家也可以尝试其他绘画工具。

三、学习要点与体会

我个人觉得风景钢笔画的学习是件愉快和轻松的事情，相对素描而言多了几分自由与洒脱，初学者需要从基础开始学习和训练，下面谈一下学习要点：

（1）勤动手多练习　理解了绘画技法并不等于掌握了绘画技法，只有通过大量的练习才能逐步提高钢笔画水平。

（2）善于总结和思考　认真分析钢笔画的线条及造型方法并从中找出适合自己的强化训练手段。

（3）多观察多写生　留心身边的自然风景并与钢笔画表现出的作品进行对比分析，强化认识。

钢笔画的学习是循序渐进的过程，大家对此需要有一个清晰的认识，不能过于急躁，只有基础扎实了将来才能学的更快更好。

在实践教学中，同学们往往对钢笔画的绘画风格倍感迷惑，因为在翻看不同书籍时会发现其中的作品有着大相径庭的画风，不知道哪种是对的。对此，作者觉得学习的不同阶段自然有不同阶段的要求，有的画法是基础进阶层面的，而有的画法完全是情绪的抒发，不拘泥于线条的曲直、透视的严谨，追求的是一种写意的创作方式。大家只要找到适合自己目前的绘画水平及专业倾向要求的绘画风格就可以，所谓绘画风格的形成不是一朝一夕的事情，不建议大家完全临摹或按照一种固有画法去画，大家在学习和借鉴别人作品的时候要有自己的理解和判断，切忌全盘照抄，应深刻体会优秀作品值得借鉴的地方，结合自己的认识加以消化和吸收，把它变成自己的知识，久而久之就能很自然的形成自己的绘画风格。

第二节　风景钢笔画基础练习

钢笔画主要通过线条来表现和创作，所以练习线条就显得很重要了。在练习中建议大家最好不要用铅笔、尺子等工具辅助，坚持徒手练习。很多同学刚开始画线条时可能存在不敢画或线条画不直的问题，在练习中应边画边调整，慢慢适应运笔的力度和速度，并从中找到感觉乃至形成所谓的手感。练习线条的过程往往是枯燥的，但是如若想画出理想的线条，这个阶段也是必须要经历的。

钢笔画不同于尺规作图，尺规表现的线条往往是机械而无情感的，而钢笔画的线条可以是飘逸的也可以是灵活多变的，根据表现场景及对象的不同，所用线条也极具变化，具有画者的情感倾注，这一点也许就是钢笔画的魅力所在（图1-4、图1-5）。

1. 直线练习

直线在钢笔画的手绘表现中是经常见到的，因此，掌握直线的画法要领很重要，画直线一定要干脆利落一气呵成，中间不要停歇和修改。

我们画出的直线不一定像用尺子画出来的那么笔直，允许有轻微的抖动，最终视觉感觉相对笔直即可。一般我们绘画用纸多以A4纸张较多，所画线条不应过长，一般以15cm为宜，线条太长或太短对于小幅钢笔画来讲没有太大必要。

练习中大家最好先慢画再快画，逐步适应和掌握画线的技巧。首先，握笔要稳，小臂摆动时不用走弧形轨迹，应向前推移；其次，笔触纸张的力度不易过大，否则容易划破纸张；最后，由于工具的限制，我们所用的钢笔或中性笔每画完一条线，收笔时的停顿往往会在线条尾端形成小墨水点，这就要求大家要掌握收笔时向上提笔的技巧。

2. 自由线条练习

自由线条相对于直线来讲一般是自由活跃的，线条更富情感和韵律，在表现所画场景或物象时能营造出一种意境或曲线美。自由线条在运笔时要保持手腕放松，运笔过程中不要犹豫和停顿，根据所表现的对象特征采取不同的线形，绘制的线条应讲究快慢、虚实、疏密等技巧。

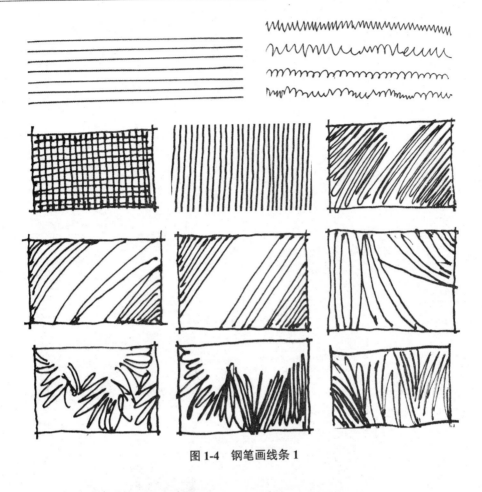

图1-4 钢笔画线条1

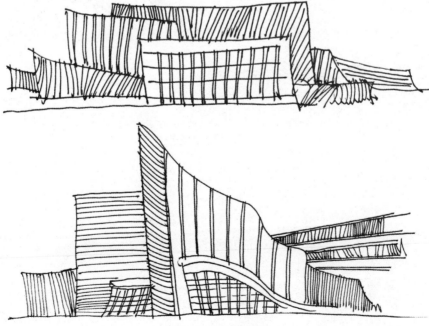

图1-5 钢笔画线条2

从大的方面讲，自由线条包括振荡的凸凹线条及小幅度抖动的曲线，二者多用于表现植物的树冠，为了方便大家理解，在这里我们称之为"几字形"线条与"圆叶形"线条（图1-6、图1-7）。

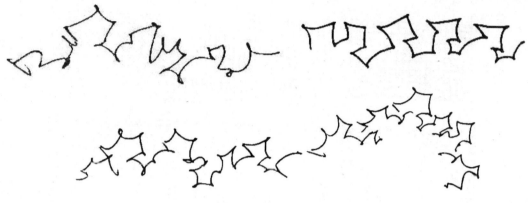

图1-6　几字形线条

图1-7　圆叶形线条

第二章 CHAPTER TWO　透视与构图

透视与构图是风景钢笔画技法表现中最基础的内容，也是学习钢笔画的前提。如果没有透视与构图的基础知识我们就很难往下深入学习。

透视指的是在场景表现中我们需要遵循的表现方法，主要涉及一点透视、两点透视和三点透视。前两种透视方法在快速表现中比较常用，而后者往往用于表现鸟瞰图。

构图是造型艺术中常见术语，是指艺术作品中的结构配置方法，也是增加作品艺术感染力的重要手段。

第一节　透视

不论是素描还是速写，都绕不开透视这个概念，因此大家有必要对透视有更为清晰的了解，绘画并不等同于制图，对于制图而言透视是相对严谨的，不能出现错误，而对于绘画尤其是速写来讲，没必要拿着尺子去比量，在写生中大家只要掌握透视方法按照透视规律去画就可以了，不要被造型中的局部复杂部件所误导，应学会抓大放小。毕竟限于条件我们不可能准备太多的工具，速写就是要求大家在较短的时间内完成对空间及造型的表现和塑造。

一、一点透视

一点透视也称平行透视，画面中只有一个消失点（灭点），所画块体有一个方向的立面平行于画面，所有垂线均保持垂直。一点透视具有较强的空间纵深感，但也存在画面过于呆板的问题，大家在实践表现中可以根据构图需要适当向左或向右偏移消失点，这样视觉效果更佳。在速写表现中可以适当放开手脚，不必过于苛刻地要求透视的问题，但是一定要注意大的透视及近大远小的比例要求，至少应保证视觉上没有太大问题（图2-1、图2-2）。

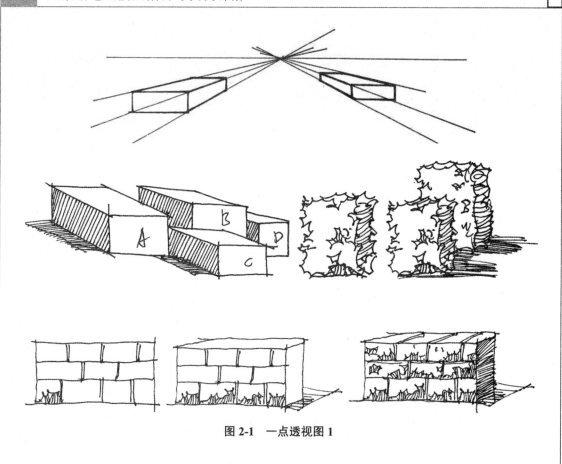

图 2-1   一点透视图 1

图 2-2   一点透视图 2

图 2-2 即为一点透视的表现效果，画面中间的花架，有一组线条与画面保持了水平，画面植物及人物表现也具有近大远小的比例关系，画面中心沿着路面向远处延伸汇聚为一点。

实例一：一点透视表现步骤。

步骤一：先画出画面在前方的沙发块体，保持块体的一边水平，另一边向侧后方进深。其他部件参考所画水平线与进深线绘制即可（图 2-3）。

步骤二：继续向右侧画出其他造型（图 2-4）。

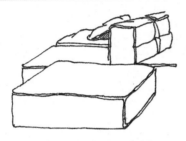

图 2-3 一点透视表现步骤一

图 2-4 一点透视表现步骤二

步骤三：用线条丰富造型的质感与阴影，并画出植物做陪衬（图 2-5）。

步骤四：正面的窗户造型线条也保持水平状态，窗框绘制双线适当表现出其厚度感（图 2-6）。

图 2-5 一点透视表现步骤三

图 2-6 一点透视表现步骤四

二、两点透视

造型有一组线条为垂直线而其他两组线条均与水平线呈一定角度，且两组线条均有一个消失点。此种透视称之为两点透视。

两点透视图是场景表现中常见的表现视图，画面效果相对立体和真实，能够较为容易地表现体积感，视觉效果也比较舒服（图 2-7、图 2-8）。

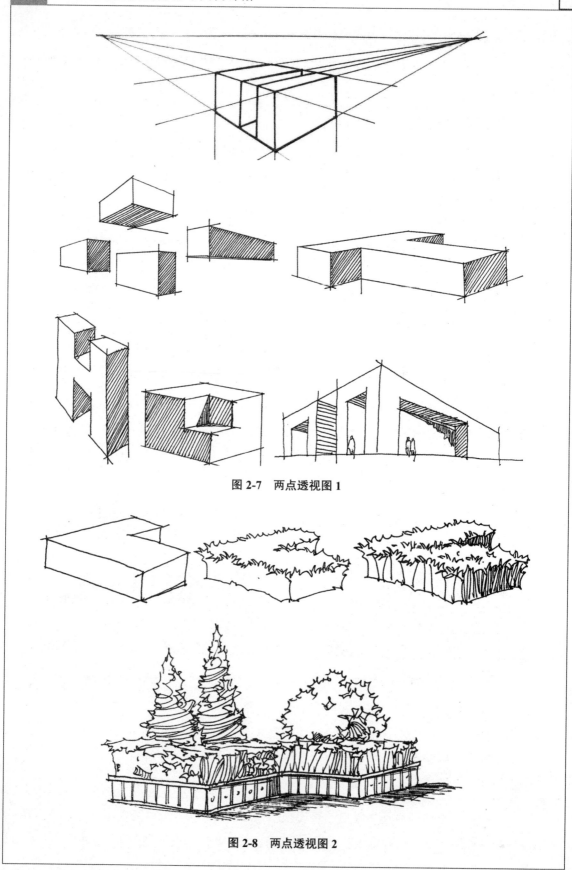

图 2-7 两点透视图 1

图 2-8 两点透视图 2

实例二：两点透视表现步骤。

步骤一：仔细观察整个构图，尤其是注意地板网格线的走向，然后画出位于顶部的沙发靠枕（图 2-9）。

图 2-9　两点透视表现步骤一

步骤二：画出沙发的坐垫及底座，并勾画出沙发侧面的暗部区域及垂下来的布料（图 2-10）。

图 2-10　两点透视表现步骤二

步骤三：以所绘制好的沙发为参照，绘制出地板网格线，并画出位于沙发左面的大叶植物及沙发后面的圆叶形植物（图 2-11）。

图 2-11　两点透视表现步骤三

第二节　构图

风景钢笔画构图从大的方面讲指的是场景构图，从小的方面讲也可以指单一植物的塑造，构图要具有一定的韵律和平衡感。

我们在进行绘画表现时，要根据表现题材和主题思想的要求，将要表现的风景元素按照一定的美学知识与主观感受艺术地组织起来，使之成为一幅完整而有趣的画面。构图也是衡量绘画作品优劣的一个重要标准，没有好的构图即便作品画得再好都很难说是上品。那么，在创作表现时怎样进行构图呢？首先，确定好合适的取景视角；其次，明确画面主题并对所画风景进行主观取舍，不能看到什么就画什么；最后，画面要注意对称及均衡，画面不能出现拥挤或空旷的视觉感受（图 2-12、图 2-13）。

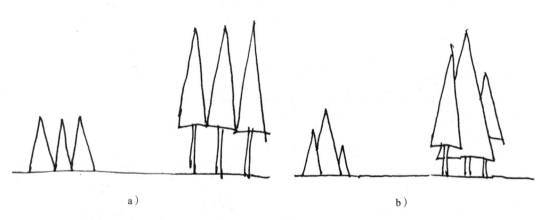

a)　　　　　　　　　　　　　　　　　　b)

图 2-12　场景构图

以图 2-12 为例简单讲一下构图的问题，图中有大小共计六棵树，图 2-12 a）和图 2-12 b）的排列与组合有着很大的不同，图 2-12 a）采取了很规矩的摆放和处理，说明了树的数量及布局，构图上很规整但是却有些呆滞；而图 2-12 b）则在等量的基础上有了树的大小及前后变化，进一步拓展了画面的空间感且更具有趣味性。我们在进行写生或创作中一定要具有构图意识，适时灵活而不能照抄照搬。

图 2-13 画面构图较为完整，大家试想一下如果去掉画面左下角的全部船只，画面会呈现出怎样的感受呢？很明显画面中的建筑透视得到了强化但整幅画面却失去平衡感，画面视觉感受并不舒适，而船队的出现从一定程度上钝化了画面尖锐感，同时也丰富了构图使其得到了平衡。

图 2-13   建筑风景构图

第三章 CHAPTER THREE 风景钢笔画植物表现技法指南与实例步骤

第一节　树冠表现技法指南与实例步骤

　　树的品类很多，叶形各异，在钢笔画的表现中多以概括的方法来表现，其中最常见的有两种表现方式，一是几字形；二是圆叶形。

　　采用何种表现方式往往是根据树的叶子特征及植物所处的场景来决定，平时要多了解叶子的形状及其生长姿态，即便是同样一枚叶子也有正面、侧面之分，同时也有舒展、卷曲之别。一枚叶子的形状还不能决定我们采用何种方式来表现，但是大家都知道树冠是由树枝和无数枚叶子组成，叶子分布在不同的枝杈上同时又有着不同的组合形式，如上下叠加和相互掩映，我们总不能把成千上万枚叶子都画出来，即使画出来效果也未必有多好看，所以我们需要归纳和概括。下面我们具体讲解一下这两种表现方式，无论是几字形还是圆叶形都需要对簇状叶子有较为清晰的认知，并注意空间层次感的表现（图3-1）。

图3-1　单片叶形的不同表现

一、几字形

　　几字形线条主要以相对短的折线来表现所画的植物冠叶，此种造型方法更具概括性。我们在概括表现中不要被细节过多干扰，需要从整体上去观察和取舍，大家用线要注意连贯地适当地体现叶子间的压叠及穿插关系，尽量不要完全勾勒轮廓，而是根据素描的造型方法适当增加植物的明暗及黑白对比（图3-2）。

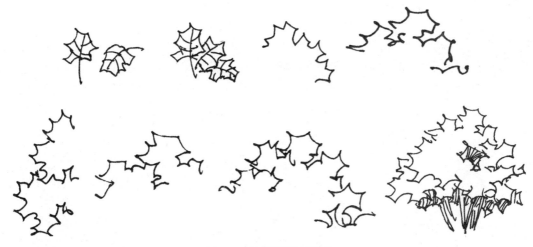

图 3-2 几字形树冠表现

实例一：几字形 1 表现步骤。

步骤一：从树的顶部起笔，注意几字形的线条起伏不宜过大（图 3-3）。

图 3-3 几字形 1 表现步骤一

步骤二：依次画完上部的树冠和枝杈，然后绘制下层树冠和树干，并注意上下衔接（图 3-4）。

步骤三：在树冠内部空间画出小的封闭多边形使之透出枝干，使造型更生动的同时也有调和画面的作用，然后在树冠底部用较为密集的短线填充，最后画出地面草丛（图 3-5）。

图 3-4 几字形 1 表现步骤二

图 3-5 几字形 1 表现步骤三

实例二：几字形 2 表现步骤。

步骤一：灌木形体相对矮小且枝叶较多，几字形可以细碎些,边画树冠边画枝干(图3-6）。

步骤二：继续丰富造型并画出其他枝干，注意彼此间的前后关系（图3-7）。

步骤三：用细密的短线表现出植物的暗部，为了强化枝干的前后关系可以适当加深后面的枝干（图3-8）。

图 3-6　几字形 2 表现
步骤一

图 3-7　几字形 2 表现
步骤二

图 3-8　几字形 2 表现
步骤三

实例三：几字形表现参考图例（图 3-9）。

图 3-9　几字形表现参考图例

二、圆叶形

圆叶形线条是以曲线的方式表现树冠，此种方法表现出来的植物更为生动，那么怎么以圆叶形的线条塑造树冠呢？首先，需要大家对叶子的各种形状及簇状组合方式有个全面的了解，现在我们将五枚叶片叠放在一起，试着勾勒出整体的外轮廓，然后在此基础上以熟练的线条概括，所得线型即为圆叶形线条的原始线型。

圆叶形则多用来表现灌木和小乔木的树冠，相对几字形更灵活和具体，视觉上也更为自然，能更好地表达植物的生机（图3-10、图3-11）。

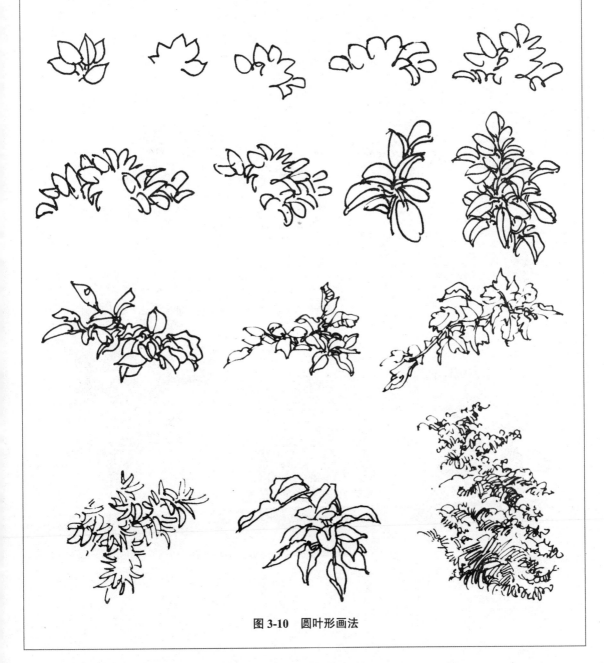

图3-10　圆叶形画法

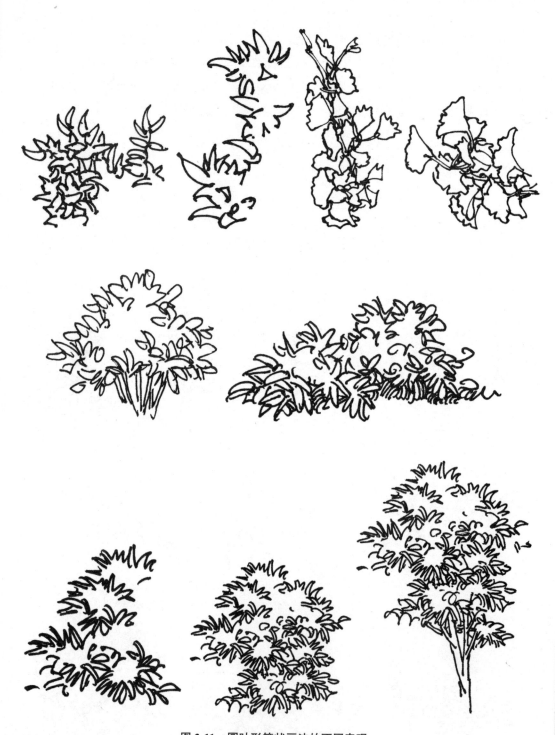

图 3-11　圆叶形簇状画法的不同表现

实例一：圆叶形多层树冠表现步骤。

步骤一：用短促且肯定的线条从植物左上角开始绘制，线条不要太琐碎（图3-12）。

步骤二：按照边画边调整的方式继续绘制植物树冠部分，线条要有压叠和穿插（图3-13）。

步骤三：枝干要自然而合理的穿插在叶子中间，并注意叶子与枝干的衔接处的表现（图3-14）。

图 3-12　圆叶形多层树冠表现
步骤一

图 3-13　圆叶形多层树冠表现
步骤二

图 3-14　圆叶形多层树冠表现
步骤三

实例二：圆叶形多层树冠表现步骤。

步骤一：多层树冠的表现应注意区别叶子团簇间的关系，从左上角开始勾勒出树冠的上半部分（图3-15）。

步骤三：画出树干，注意树干与上部分树枝要上下对应，并完成其他枝叶（图3-17）。

图 3-15　圆叶形多层树冠表现步骤一

步骤二：继续完成其他团簇树冠，并注意协调团簇树冠的大小及空间关系（图3-16）。

图 3-16　圆叶形多层树冠表现步骤二

图 3-17　圆叶形多层树冠表现步骤三

实例三：圆叶形表现参考图例（图 3-18）。

图 3-18　圆叶形表现参考图例

第二节　树的枝干表现技法指南与实例步骤

　　不同树木枝干的生长特征有着很大的不同，一般情况下需要抓住树木的形体特征再进行概括和表现，而不是一味地按部就班。一般乔木具有较为明显的树干和枝杈，树干相对粗壮，表现中要注意线条的软硬变化并使其形状符合自然生长规律，画法相对简单。而枝杈的表现要相对复杂一些，首先枝杈要自然地从主枝伸展出来，并确保其粗细程度相对比主枝要细一些，分布要讲究画面的均衡性，使其长短、朝向有所不同。值得一提的是，线条最好以双线形式进行表现，这样更具视觉美感。

　　实例一：枝杈表现步骤。

步骤一：用单线勾勒出树枝的骨架结构（图3-19）。

图3-19　树杈表现步骤一

步骤二：在已画的几条主要枝干上再细分细枝，枝杈尽量不要对称（图3-20）。

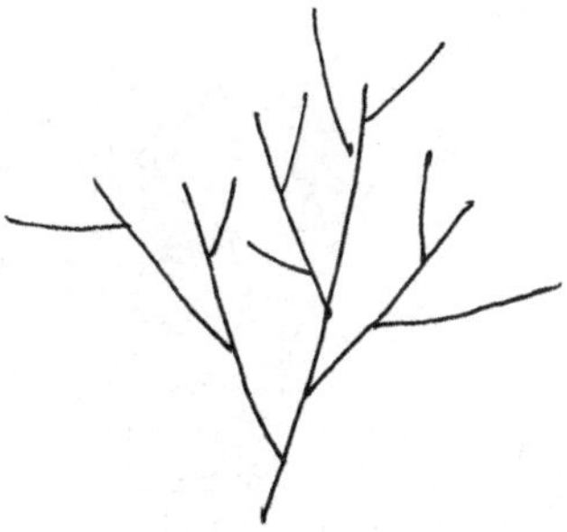

图3-20　树杈表现步骤二

步骤三：用双线将所画枝杈进行描边，并注意主次枝条的粗细（图3-21）。

图3-21　树杈表现步骤三

实例二：树的枝干参考图例（图 3-22、图 3-23）。

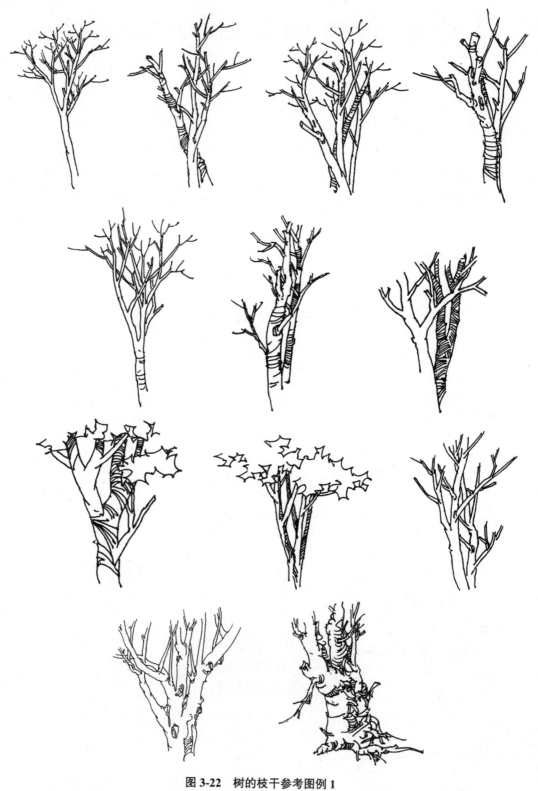

图 3-22   树的枝干参考图例 1

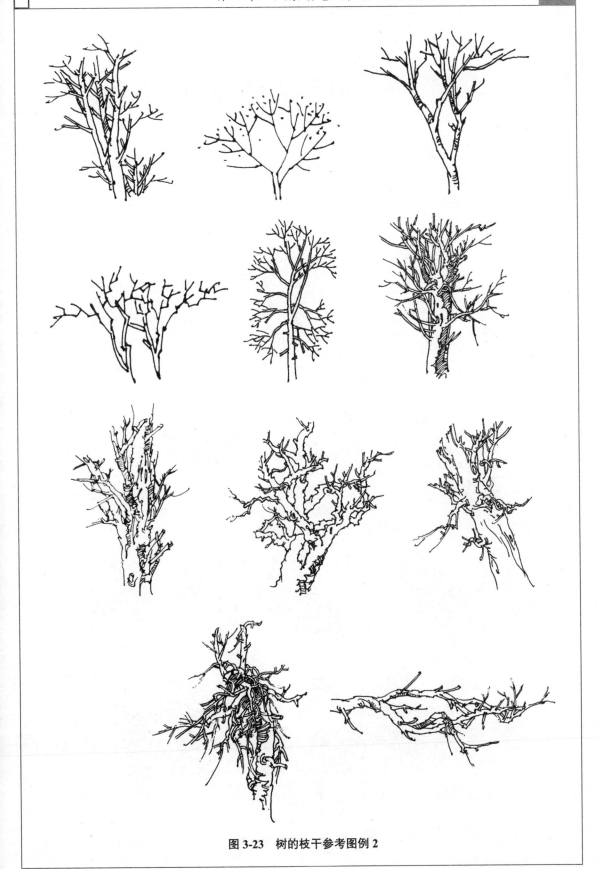

图 3-23　树的枝干参考图例 2

第三节　椰子树表现技法指南与实例步骤

　　椰子树是常见的表现树种，其形体高大，羽状复叶随风摆动很是美丽。椰子树树干的画法相对简单，只需要用线画出主干并用弧形线条适当表现一下树干的肌理，而叶子则需要在把握自身形体美感的前提下调整复叶间的前后及压叠的关系（图3-24）。

图 3-24　椰子树羽状复叶表现

实例一：椰子树 1 表现步骤。

步骤一：首先画出椰子树的主干及枝条叶脉，把握好整个树形的形状，叶脉注意用线要柔和些（图3-25）。

步骤二：逐步绘制细针状叶子，彼此之间注意疏密及形状变化（图3-26）。

步骤三：绘制完成整个树冠和树干，适当强化树冠叶片间的黑白关系，并用横向弧形线条丰富树干的肌理（图3-27）。

图 3-25 椰子树 1 表现
步骤一

图 3-26 椰子树 1 表现
步骤二

图 3-27 椰子树 1 表现
步骤三

实例二：椰子树 2 表现步骤。

步骤一：先从树冠开始绘制然后绘制树干，最后调整叶片之间的黑白关系，直至绘制完一棵完整的椰树（图3-28）。

图 3-28 椰子树 2 表现步骤一

步骤二：首先绘制椰树前方的草丛，继而绘制椰树后边的字母体块造型以及字母造型后面的灌木丛（图3-29）。

图 3-29　椰子树 2 表现步骤二

步骤三：绘制出灌木丛后边的椰树，注意把握其形体大小，后边的椰树要小一些，完整程度也适当弱一些，使其更好起到衬托作用（图3-30）。

图 3-30　椰子树 2 表现步骤三

实例三：椰子树及棕榈参考图例（图 3-31、图 3-32）。

图 3-31　椰子树及棕榈参考图例 1

图 3-32　椰子树及棕榈参考图例 2

第四节　松树表现技法指南与实例步骤

　　松树在形体塑造及表现中需要注意枝干及针叶的处理，松树往往具有明显的形体特征，枝杈粗糙且平展。当然不同的松树种类区别也是很大的，大家在表现时需要具体问题具体分析。

　　实例一：松树 1 表现步骤。

步骤一：用几字形的表现方式从松树顶部开始起笔，适当加深枝杈底部的阴影，并勾画出部分树干（图 3-33）。

图 3-33　松树 1 表现步骤一

步骤二：继续向下绘制，注意把握整个树的对称姿态（图 3-34）。

图 3-34　松树 1 表现步骤二

步骤三：勾画出树体底部的略向下倾斜的枝杈，并完成草丛的绘制（图 3-35）。

图 3-35　松树 1 表现步骤三

实例二：松树 2 表现步骤。

步骤一：用连贯而细密的短线从松树顶端起笔表现松叶，树冠不要太分散，穿插的枝杈表现要有力度（图 3-36）。

图 3-36　松树 2 表现步骤一

步骤二：逐层向下绘制出其他部分，使针叶附着在枝条之上并把握松树的整体造型（图 3-37）。

步骤三：画出主干并进一步用细密的短线丰富树冠部分，使整体黑白对比更明显（图 3-38）。

图 3-37　松树 2 表现步骤二

图 3-38　松树 2 表现步骤三

实例三：松树参考图例（图 3-39）。

图 3-39　松树参考图例

▎第五节　芭蕉表现技法指南与实例步骤▎

　　芭蕉植株较为高大，叶柄粗壮、叶面呈鲜绿色，有光泽，常常栽植于墙角及院内，观赏效果较好。在手绘表现中大家要注意从整体把握造型，有意识地概括和舍弃不必要的叶子，勾画时线条要轻柔而肯定（图3-40、图3-41）。

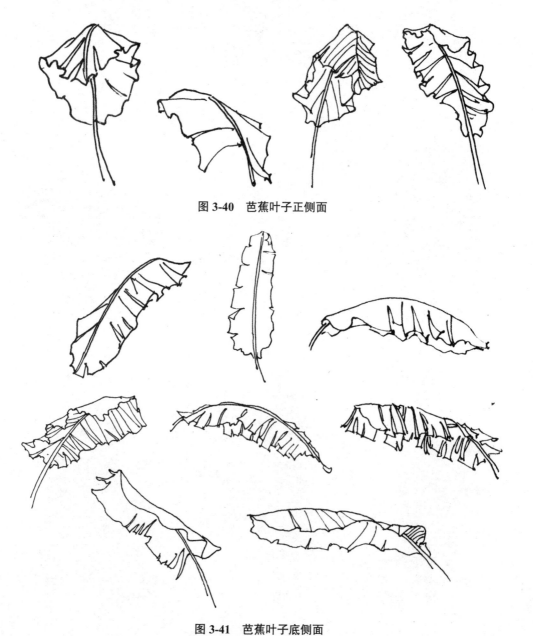

图 3-40　芭蕉叶子正侧面

图 3-41　芭蕉叶子底侧面

实例一：芭蕉 1 表现步骤。

步骤一：从左侧开始绘制芭蕉叶子，并注意彼此间的前后掩映关系（图3-42）。

步骤二：继续绘制芭蕉右半部分，茎的处理也需要合理安排彼此的前后位置（图3-43）。

步骤三：画出最右侧芭蕉，叶子线条不要穿越前边所绘制好的叶子，并完善下部的草丛部分（图3-44）。

图 3-42 芭蕉 1 表现步骤一   图 3-43 芭蕉 1 表现步骤二   图 3-44 芭蕉 1 表现步骤三

实例二：芭蕉 2 表现参考图例（图 3-45）。

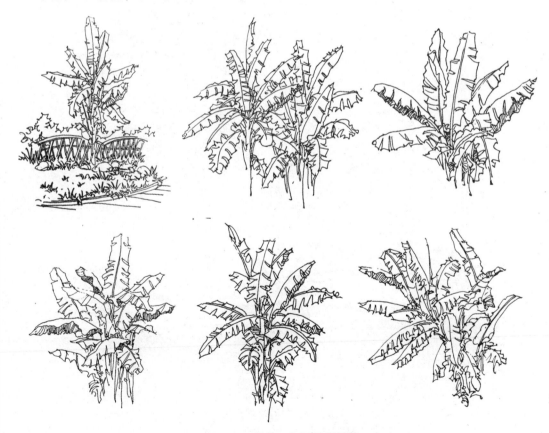

图 3-45 芭蕉 2 表现参考图例

第六节　竹子表现技法指南与实例步骤

　　竹子的画法和表现一般以"介"字形、"个"字形或"人"字形为基本形式进行逐层叠加及穿插错位。而单个叶子也要注意姿态变化，有正面叶子、侧面叶子、蜷曲叶子等，只有适当变化才能生动地表现出竹子的盎然生机。

　　叶子除了注重单个叶形外还需要处理好一组叶子与另一组叶子的关系，不同组之间也要有主次关系，从整体上可以适当概括。

　　大家平时要多看、多画、多体会，要用好力道掌控好线条的粗细及虚实程度，只有经过反复练习才能画得得心应手（图3-46）。

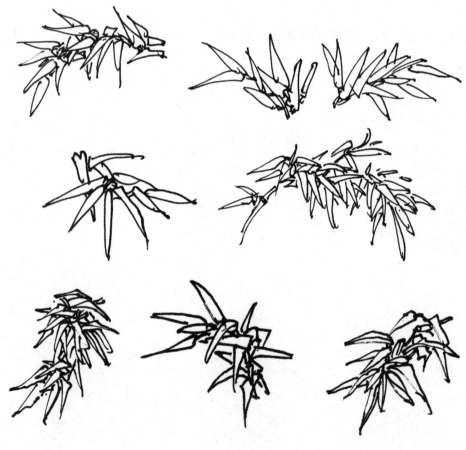

图3-46　竹叶表现技法

实例一：竹子 1 表现步骤。

步骤一： 考虑好构图，先用钢笔画出竹秆及竹叶（图3-47）。

步骤二：继续绘制出其他两根竹秆并注意协调竹节的位置关系，竹叶要有大小及方向变化（图3-48）。

步骤三：进一步完善整个造型并注意强调竹叶的对比、错位及疏密关系（图3-49）。

图 3-47　竹子 1 表现步骤一　　图 3-48　竹子 1 表现步骤二　　图 3-49　竹子 1 表现步骤三

实例二：竹子 2 表现步骤。

步骤一： 用概括的方式画出簇状叶子，并协调叶子间的压叠关系（图3-50）。

步骤二：继续丰富整体造型并画出竹秆（图3-51）。

步骤三：按照上述方法继续完善和丰富造型，并进一步强化疏密与黑白关系（图3-52）。

图 3-50　竹子 2 表现步骤一　　图 3-51　竹子 2 表现步骤二　　图 3-52　竹子 2 表现步骤三

实例三：竹子参考图例（图 3-53）。

图 3-53　竹子参考图例

第七节　草丛表现技法指南与实例步骤

如若想画好草丛,首先,要理解草丛的生长姿态,其次,正确表现草叶之间的相互关系,最后,线条要柔软顺畅,叶子表现要自然。

要学会正确处理草叶的生长姿态及变化,大家在临摹的同时需要多加揣摩,以便更好地掌握草丛的画法。

在进行大片草丛的手绘表现时,要有前后关系及近实远虚的透视概念。把离我们较近的草丛以具体的手法处理,并注重体现叶子的前后关系、穿插关系,而较远的部分则以概括简略的手法处理,画的时候宜以锯齿形线条简略表现草丛,注意协调叶子尖端不要相互平行。

不论画一簇草还是大片草坪都需要概括、分析和删减,从中找出规律性的东西加以艺术化的表现(图3-54)。

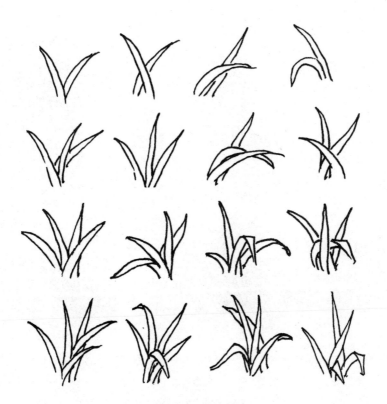

图3-54　草的画法

图 3-54　草的画法（续）

实例一：草丛 1 表现步骤。

步骤一：用肯定有力的线条简单绘制出部分草叶，注意其姿态及叶片的前后关系（图 3-55）。

步骤二：以步骤一所画的草叶为依托继续丰富草丛，要正确处理草叶的穿插关系（图 3-56）。

图 3-55　草丛 1 表现步骤一

图 3-56　草丛 1 表现步骤二

步骤三：继续完善草丛，注重协调草丛整体的完整性（图 3-57）。

图 3-57　草丛 1 表现步骤三

实例二：草丛 2 表现步骤。

步骤一：用流畅的线条画出部分草叶，用笔要注意区分草叶姿态（图 3-58）。

步骤二：继续绘制其他草叶，注意处理草叶的前后及错位关系。（图 3-59）。

步骤三：按照步骤二的方法继续完善草丛，使之更茂盛（图 3-60）。

图 3-58　草丛 2 表现步骤一　图 3-59　草丛 2 表现步骤二　　　　图 3-60　草丛 2 表现步骤三

实例三：草丛参考图例（图3-61）。

图3-61 草丛

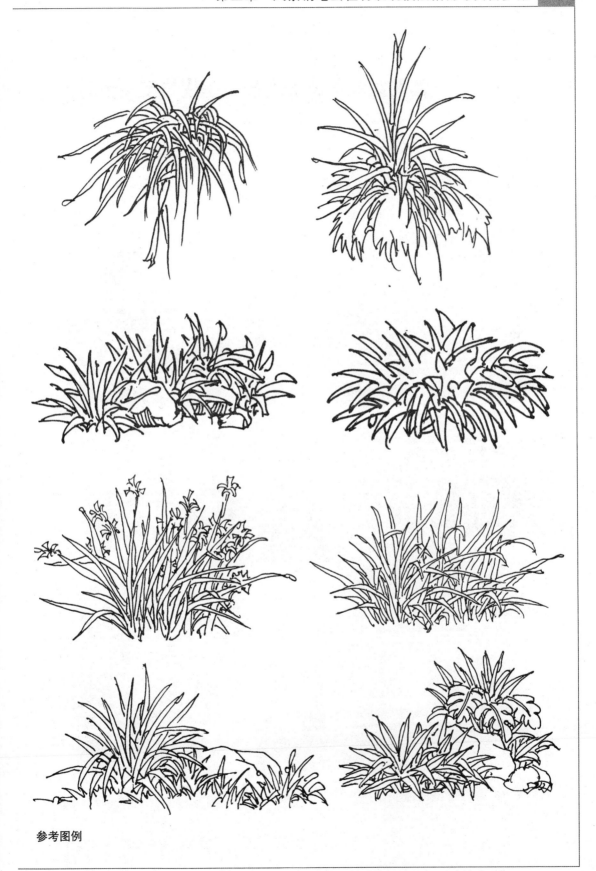

参考图例

第八节 其他盆栽花草表现技法指南与实例步骤

我们在勾画不同植物时所采用的线条也应该根据植物具体形态灵活应对，而不能套用一种线型模式。大家在画之前最好对植物有充分的了解然后抓住植物的主要特征，最后再确定合适的表现方法。

实例一：盆栽花草 1 表现步骤。

步骤一：从顶部画出植物的花骨朵及花朵，线条应轻盈些，不要涂抹 (图 3-62)。

图 3-62 盆栽花草 1 表现
步骤一

图 3-63 盆栽花草 1 表
现步骤二

步骤二：画出其他花朵及叶子，注意彼此间的遮掩与穿插关系 (图 3-63)。

步骤三：画出垂落的叶子，然后用线条简单勾勒出花盆 (图 3-64)。

图 3-64 盆栽花草 1 表现步骤三

实例二：盆栽花草 **2** 表现步骤。

步骤一：用线肯定有力地勾勒出叶茎，叶片线条应相对轻盈些（图 3-65）。

图 3-65　盆栽花草 2 表现步骤一

步骤二：叶子形态没有完全舒展处于半闭合状态时，应用相对圆润的线条表现叶子内部及外部结构（图 3-66）。

图 3-66　盆栽花草 2 表现步骤二

步骤三：画出花盆内的垂叶然后再简单勾勒出花盆（图 3-67）。

图 3-67　盆栽花草 2 表现步骤三

实例三：盆栽花草 3 表现步骤。

步骤一：绘画之前确定好所画造型的大小，并用相对灵活的线条画出叶子部分，同时勾勒出陶罐的部分造型（图 3-68）。

图 3-68　盆栽花草 3 表现步骤一

步骤二：勾画出草叶，注意草叶的姿态变化，然后画出底部的陶罐及底部的植物叶子（图 3-69）。

图 3-69　盆栽花草 3 表现步骤二

图 3-70　盆栽花草 3 表现步骤三

步骤三：参考已绘制的造型画出右侧植物及陶罐，植物以相对密集的圆叶形线条表现为宜，使之区分左侧植物，并绘制出底部杂草（图 3-70）。

步骤四：继续完善整个造型，并用密集的排线表现陶罐暗部（图 3-71）。

图 3-71　盆栽花草 3 表现步骤四

实例四：盆栽花草表现参考图例（图 3-72、图 3-73）。

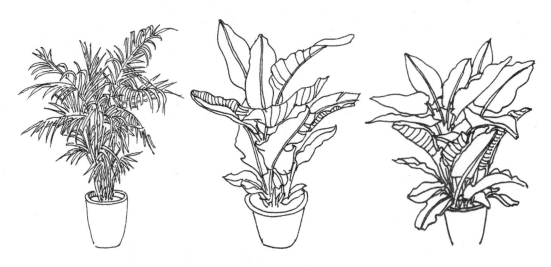

图 3-72　盆栽花草表现参考图例 1

图 3-73　盆栽花草表现参考图例 2

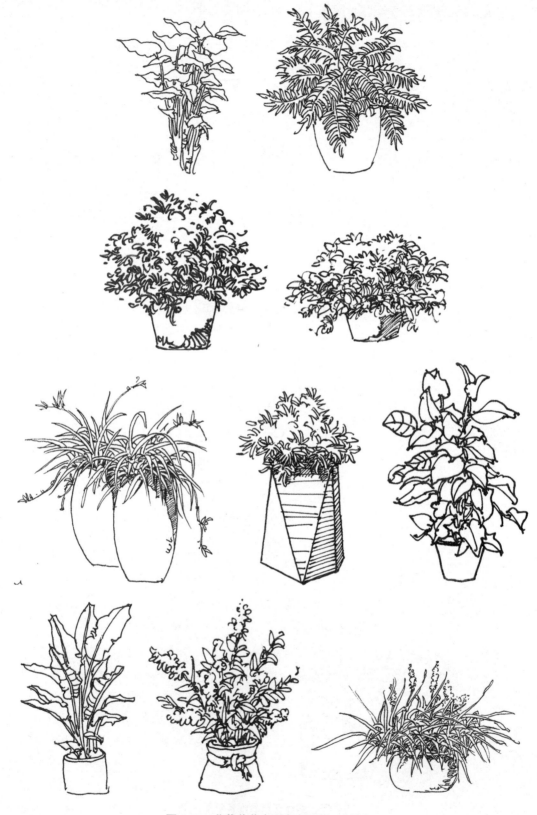

图 3-73　盆栽花草表现参考图例 2（续）

第四章　景观情景人物表现技法指南与实例步骤
CHAPTER FOUR

人物是钢笔画常见的表现内容，而人物对初学者而言似乎有些难度，但景观中人物的存在恰恰又能很好地活跃气氛。

要想画好人物，最重要的一点就是要多观察，掌握好人物基本的形体比例及结构特征，用线要灵活不能僵硬，尤其是肢体关节弯曲时所着衣物的变化。也许钢笔画的魅力就在于此，每一根恰到好处的线条都是跳动的音符，使人物形象鲜活而富有魅力。常见的人物表现有正面、侧面及背面三个视角，其中正面较为难画。

人物的画法较为灵活，角色不同，其表现方式及手段也各有差异，不论哪种方式一般都有其自身的优点和不足，大家可以找一种适合自己的表现方式，不用拘泥于一种画法。

┃第一节　单人表现技法指南与实例步骤┃

单人钢笔画表现需要掌握人物身高比例及动态特征，衣着服饰不要过于刻画表现，线条要肯定些不能涂抹。

实例一：单体人物 1 表现步骤。

步骤一：勾画出人物的头部及肩部，其中帽子要注意质感表现，不宜画得过于生硬（图 4-1）。

步骤二：自上而下画出人物背部及背包，不要过于表现衣服褶皱（图 4-2）。

图 4-1　单体人物 1 表现步骤一　　　　图 4-2　单体人物 1 表现步骤二

步骤三：画出人物的腿部，可以在臀部及腿的侧面适当勾画阴影，使之更具视觉美感（图4-3）。

图4-3 单体人物1表现步骤三

实例二：单体人物2表现步骤。

步骤一：从人物的头部画起并完成背包的绘制，注意肩膀及胳膊的比例及位置关系（图4-4）。

步骤二：沿着造型继续向下绘制出裤子，适当添加阴影，强化人物肢体的立体感（图4-5）。

图4-4 单体人物2表现步骤一

图4-5 单体人物2表现步骤二

图4-6 单体人物2表现步骤三

步骤三：仔细观察所画人物的比例关系，确定人物重心位置然后画出小腿及足部（图4-6）。

实例三：单体人物 3 表现步骤。

步骤一：首先仔细观察人物的动态特征，明确人物的体态特征及重心，然后从头部画起，一次完成上半身的绘画（图 4-7）。

步骤二：继续完善人物的挎包，并完成腿部的绘画工作（图 4-8）。

步骤三：用倾斜的细线填充出部分阴影区域，这样会使人物在视觉上更结实些（图 4-9）。

图 4-7　单体人物 3 表现步骤一

图 4-8　单体人物 3 表现步骤二

图 4-9　单体人物 3 表现步骤三

实例四：单体人物 4 表现步骤。

步骤一：仔细观察人物动态，然后从头部画起，五官可以适当表现但不宜过于深入（图 4-10）。

步骤二：继续完善衣物，注意衣物褶皱及布料松弛度的表现，线条应灵活（图 4-11）。

步骤三：确定好人物的重心，画出背包及腿部等（图 4-12）。

图 4-10　单体人物 4 表现步骤一

图 4-11　单体人物 4 表现步骤二

图 4-12　单体人物 4 表现步骤三

实例五：单体人物 5 表现步骤。

步骤一：画出背影人物的帽子及头发，同时用线条勾画出肩部（图 4-13）。

步骤二：用排线的方式表现人物背部，然后准确画出胳膊及腿部（图 4-14）。

步骤三：画出人物右侧的腿部及鞋子，并对臀部及腿内侧进行适当加深处理，以强化黑白对比（图 4-15）。

图 4-13　单体人物 5 表现
步骤一

图 4-14　单体人物 5 表现
步骤二

图 4-15　单体人物 5 表现
步骤三

实例六：单体人物 6 表现步骤。

步骤一：画出帽子、翘起的头发及其脖颈，然后勾画出肩膀及其他部分（图 4-16）。

步骤二：继续完善背包并画出人物的臀部，注意手插入口袋的细节表现（图 4-17）。

步骤三：仔细观察所画人物的造型然后画出人物的腿及足部（图 4-18）。

图 4-16　单体人物 6 表现
步骤一

图 4-17　单体人物 6 表现
步骤二

图 4-18　单体人物 6 表现
步骤三

实例七：单体人物 7 表现步骤。

步骤一：画出人物的帽子，然后从额头起笔画出人物头部，人物体态较胖时应注意脖颈及肩部的表现（图 4-19）。

步骤二：依次画出两侧臂膀及上身衣物，肚子的表现线条要仔细推敲，以更好地画出人物体态特征（图 4-20）。

步骤三：勾画出人物的腿部，注意左腿略微抬起的动作表现（图 4-21）。

图 4-19　单体人物 7 表现
步骤一

图 4-20　单体人物 7 表现
步骤二

图 4-21　单体人物 7 表现
步骤三

实例八：单体人物 8 表现步骤。

步骤一：人物手的大小及位置与头部的关系相对更为密切，所以先画出人物左侧头部，参考头部画出左手及背带（图 4-22）。

步骤二：继续画完头部及躯干、挎包等造型，用熟练的线条一气呵成，再画出左侧腿部（图 4-23）。

步骤三：从整体上仔细观察人物造型，然后画出人物的右腿、足部（图 4-24）。

图 4-22　单体人物 8 表现
步骤一

图 4-23　单体人物 8 表现
步骤二

图 4-24　单体人物 8 表现
步骤三

实例九：单体人物 9 表现步骤。

步骤一：仔细观察人物表情，并从人物额头开始起笔，完成人物头部及肩部的绘画（图4-25）。

步骤二：参考所绘制的人物头部及肩部，往下画出人物的上半身形体，并用连贯的线条对背部加以表现（图4-26）。

步骤三：从整体观察人物，并再次确定人物的比例关系，然后画出下半部分，注意人物腿部肌肉的表现和处理（图4-27）。

图4-25　单体人物 9 表现步骤一

图4-26　单体人物 9 表现步骤二

图4-27　单体人物 9 表现步骤三

实例十：单体人物 10 表现步骤。

步骤一：从人物的头部画起，头发线条要流畅，然后画出肩部（图4-28）。

步骤二：画出外套衣物，并注意按照衣物褶皱适当排线来表现阴影区域（图4-29）。

步骤三：确定好人物步行时前后脚的跨步距离及位置，然后画出腿部及人物投影（图4-30）。

图4-28　单体人物 10 表现步骤一

图4-29　单体人物 10 表现步骤二

图4-30　单体人物 10 表现步骤三

实例十一：单体人物表现参考图例（图 4-31～图 4-36）。

图 4-31　单体人物表现参考图例 1

图 4-32　单体人物表现参考图例 2

图 4-33　单体人物表现参考图例 3

图 4-34　单体人物表现参考图例 4

图 4-35　单体人物表现参考图例 5

图 4-36 单体人物表现参考图例 6

第二节 组合人物表现技法指南与实例步骤

实例一：组合人物 1 表现步骤。

步骤一：准确判断两个人物的动态及各自的特征，从左侧的人物头部画起，然后画出右侧人物的上半身（图 4-37）。

图 4-37 组合人物 1 表现步骤一

步骤二：画出人物的腿部，线条要注意与表现衣物线条的区别，要果敢而肯定（图 4-38）。

图 4-38 组合人物 1 表现步骤二

步骤三：按照上述方法勾画出第三个人物形象（图 4-39）。

图 4-39 组合人物 1 表现步骤三

实例二：组合人物 2 表现步骤。

步骤一：整体观察画面判断人物的大小比例及动态，然后从人物头部开始画起(图4-40)。

步骤二：沿着所画人物继续向下绘制出人物的上半身，并强化背包暗部的处理，因为右侧人物身着的衣物采用了留白与简化的方法(图4-41)。

步骤三：准确衡量人物腿部的位置并完成它们，同时勾画出腿部的阴影(图4-42)。

图 4-40　组合人物 2 表现步骤一

图 4-41　组合人物 2 表现步骤二

图 4-42　组合人物 2 表现步骤三

实例三：组合人物 3 表现步骤。

步骤一：确定左侧人物的身高比例及位置，然后从头部开始绘制直至完成（图4-43）。

步骤二：以左侧人物为参考绘制出右侧人物上半身（图4-44）。

步骤三：认真审视画面确定人物的动态及重心位置，一气呵成完成人物的绘画（图4-45）。

图 4-43　组合人物 3 表现步骤一

图 4-44　组合人物 3 表现步骤二

图 4-45　组合人物 3 表现步骤三

实例四：组合人物 4 表现步骤。

步骤一：从人物的头部开始绘制并完成上半部分，然后画出人物手中所持道具，最后画出宠物（图 4-46）。

步骤二：继续完善步骤一所绘制的人物和宠物然后画出后面站立的人物（图 4-47）。

步骤三：按照上述方法完成最右面人物的绘画并整体协调画面，强化黑白对比关系（图 4-48）。

图 4-46 组合人物 4 表现步骤一　图 4-47 组合人物 4 表现步骤二　图 4-48 组合人物 4 表现步骤三

实例五：组合人物 5 表现步骤。

步骤一：画出人物的帽子和墨镜，并用排线的方式表现出阴影区域，而后画出颈部（图 4-49）。

步骤二：完成人物的左半部分，并简单勾画出右侧人物的形体（图 4-50）。

步骤三：继续完成右侧人物，并参考已绘制的人物简略画出背景的马匹和路牌等（图 4-51）。

图 4-49 组合人物 5 表现步骤一　　图 4-50 组合人物 5 表现步骤二　　图 4-51 组合人物 5 表现步骤三

实例六：组合人物表现参考图例（图 4-52～图 4-54 ）。

图 4-52　组合人物表现参考图例 1

图 4-53　组合人物表现参考图例 2

图 4-54　组合人物表现参考图例 3

第五章 CHAPTER FIVE 庭院表现技法指南与实例步骤

　　庭院钢笔画表现是园林景观手绘中的一项重要内容，庭院设计通过造景使庭院居住环境得到进一步的美化，庭院设计可以根据建筑主题及住户的审美需求进行设计，在挑选植物组合时，首先要对植物有较为全面的了解，熟悉彼此间的搭配，才能营造出最佳的景观效果。传统的庭院设计以古建小品、小桥流水、花架亭廊为基本构架，在庭院的角隅和边缘栽植高低错落的植物，小路铺装以石板、木板或碎石为主要建筑材料，并以列植树木形成花径花丛等景观节点；现代的庭院设计视觉较为开阔，多以水池、喷泉及小型雕塑为主要设计元素，阴凉处多放置摇椅、沙发、桌凳及遮阳伞等，植物配置方面以培植草坪或盆栽花卉为主。

　　下面我们讲一下庭院小品景观配景中常见的靠枕和沙发的画法。

第一节　靠枕表现技法指南与实例步骤

　　靠枕的表现前提是要理解几何形体，一般表现出三个面更为妥当，这样视觉效果会更加立体。另外，不能忽视的一点就是：靠枕的包裹面料多是织物或布料等，且内部填充物相对蓬松柔软，这就要求大家在表现时所用线条要轻松、灵活些。

　　实例一：靠枕表现步骤。

　　步骤一：首先，大家要在头脑中想象一下靠枕的形状，有个初步印象，然后，明确靠枕的形体结构，最后，用线条勾勒出靠枕的底侧面轮廓（图5-1）。

　　步骤二：用松软的线条画出靠枕顶面并适当表现出褶皱，褶皱的产生要符合靠枕的形体特征（图5-2）。

图5-1　靠枕表现步骤一

图5-2　靠枕表现步骤二

步骤三：在靠枕顶面沿着抱枕的形体结构用双线条勾画出格子图案，进一步强化靠枕的特征（图5-3）。

图5-3　靠枕表现步骤三

实例二：靠枕参考图例（图5-4）。

图5-4　靠枕参考图例

第二节　沙发表现技法指南与实例步骤

　　沙发的造型之间有着较大区别，我们可以将其视为简单的几何模块来理解，以一点或两点透视来表现就能很容易地画出来。除此之外，需要注意沙发的扶手、靠背及坐垫的质感表现，不要忽略线条的作用，画的时候可以根据具体部位进行线条力度、速度及轻重的变化。

　　实例一：沙发1表现步骤。

步骤一：首先画出沙发的靠背及左侧扶手的几条结构线，线条的方向一定要符合两点透视关系（图5-5）。

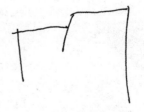

图5-5　沙发1表现步骤一

步骤二：勾画出坐垫、扶手及靠背的厚度（图5-6）。

步骤三：画出靠枕坐垫的厚度，并用竖线排出沙发投影，注意线条密度不宜过于均匀（图5-7）。

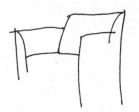

图5-6 沙发1表现步骤二

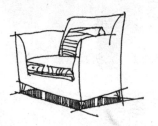

图5-7 沙发1表现步骤三

实例二：沙发2表现步骤。

步骤一：按照两点透视的画法衡量出沙发底座两侧线条的角度，然后再绘制沙发底座及扶手等（图5-8）。

步骤二：继续绘制完成靠枕及底座部分，并适当表现暗部（图5-9）。

步骤三：完成整个造型的绘制，从整体上丰富造型并进一步强化造型暗部（图5-10）。

图5-8 沙发2表现步骤一

图5-9 沙发2表现步骤二

图5-10 沙发2表现步骤三

实例三：沙发参考图例（图5-11、图5-12）。

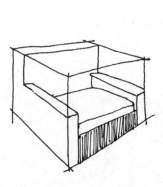

图5-11 沙发参考图例1

图 5-12 沙发参考图例 2

第三节 庭院小品表现技法指南与实例步骤

庭院小品表现技法往往比单纯的植物配置表现技法稍微复杂一些，因为有透视的要求和表现，需要明确主题与陪衬物的关系，并注意装饰物的质感与植物生机的表现。

实例一：庭院小品 1 表现步骤。

步骤一：首先绘制出座椅，座椅构架线条应流畅，而内部海绵的坐垫则需要用较为轻柔的线条来表现蓬松感（图 5-13）。

步骤二：画出右侧植物及装饰灯，勾勒出后面的矮墙（图 5-14）。

图 5-13 庭院小品 1 表现步骤一

图 5-14 庭院小品 1 表现步骤二

步骤三：画出矮墙后面的植物，注意叶片间的穿插及叠压关系（图 5-15）。

图 5-15 庭院小品 1 表现步骤三

实例二：庭院小品 2 表现步骤。

步骤一：用柔韧的线条画出芭蕉，休闲椅及栅栏，并明确三者间的前后空间关系（图5-16）。

步骤二：画出栅栏前方的植物，枝的处理采用排线的方式以强化和叶簇的黑白对比，完善休闲椅的结构细节（图5-17）。

步骤三：参考栅栏的线条走向画出木质地板（图5-18）。

图 5-16　庭院小品 2 表现步骤一　　图 5-17　庭院小品 2 表现步骤二　　图 5-18　庭院小品 2 表现步骤三

实例三：庭院小品 3 表现步骤。

步骤一：仔细观察画面构图，先画毛毯再画出沙发底座及其靠枕（图5-19）。

图 5-19　庭院小品 3 表现步骤一

步骤二：对靠枕进行深入刻画，并画出各部位的投影（图5-20）。

图 5-20　庭院小品 3 表现步骤二

步骤三：画出造型后方的植物及地板线，并注意其走向和沙发底座结构线一致，然后画出灯饰（图5-21）。

图 5-21　庭院小品 3 表现步骤三

实例四：庭院小品 4 表现步骤。

图 5-22　庭院小品 4 表现步骤一

步骤一：首先绘制出沙发抱枕，然后绘制出底座及小木桌等（图 5-22）。

步骤二：参考底座底部画出地砖线条，并完成对遮阳棚及植物的表现，最后勾勒出后面的栅栏横线（图 5-23）。

图 5-23　庭院小品 4 表现步骤二

步骤三：完成栅栏，并用密集的线条画出栅栏后面的低矮植物和右侧草叶（图 5-24）。

图 5-24　庭院小品 4 表现步骤三

实例五：庭院小品 5 表现步骤。

步骤一：仔细观察整个画面确定画面各构成要素的位置分布，绘制出吊椅及其他物体（图 5-25）。

步骤二：用双线绘制吊椅后面的栏杆，然后绘制出芭蕉，注意调整叶子的不同姿态（图 5-26）。

图 5-25　庭院小品 5 表现步骤一

图 5-26　庭院小品 5 表现步骤二

步骤三：绘制出大树及地面铺装等造型，添加造型的阴影，并整体协调画面使之构图完整（图 5-27）。

图 5-27　庭院小品 5 表现步骤三

实例六：庭院小品 6 表现步骤。

步骤一：从左侧植物起笔开始绘制并依次完成桌子、柜子及坐垫等造型（图 5-28）。

图 5-28　庭院小品 6 表现步骤一

步骤二：画出背景的建筑及其他造型，协调和添加草丛使画面更具视觉美感（图 5-29）。

图 5-29　庭院小品 6 表现步骤二

　　步骤三：画出右侧的椰树，椰树树干适当向左侧倾斜可以使画面更生动，并画出矮墙后方的遮阳伞（图5-30）。

图5-30　庭院小品6表现步骤三

实例七：庭院小品 7 表现步骤。

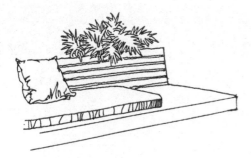

步骤一：整体观察画面构图及透视，从画面左侧起笔依次画出靠枕、坐垫、石板、靠背及植物（图 5-31）。

图 5-31　庭院小品 7 表现步骤一

步骤二：画出芭蕉之后，再用线条画出背景网状造型及其立柱，表现出低矮植物及卵石（图 5-32）。

图 5-32　庭院小品 7 表现步骤二

步骤三：画出右侧芭蕉及网状造型后面的陶罐与植物，并用短线丰富石板的断面（图 5-33）。

图 5-33　庭院小品 7 表现步骤三

实例八：庭院小品 8 表现步骤。

步骤一：画出羽状复叶植物并简单
勾画出底部其他植物（图 5-34）。

图 5-34　庭院小品 8 表现步骤一

步骤二：注意避让右侧羽状
复叶，勾画出沙发和桌子，并表
现出沙发的右侧面（图 5-35）。

图 5-35　庭院小品 8 表现步骤二

步骤三：谨慎处理地板线条的走向，避免出现透视错误，然后画出右侧盆栽植物（图 5-36）。

图 5-36　庭院小品 8 表现步骤三

实例九：庭院小品 9 表现步骤。

步骤一：画出遮阳伞及
下方的沙发茶几等，注意把
握造型大小（图5-37）。

图 5-37　庭院小品 9 表现步骤一

步骤二：依次完成其他沙
发的绘制并画出沙发背侧的植
物，并初步完成沙发前侧的石
板（图5-38）。

图 5-38　庭院小品 9 表现步骤二

步骤三：深入刻画沙发及植物的暗部，并画出地面的碎石，注意碎石的分布不宜过于均匀（图
5-39）。

图 5-39　庭院小品 9 表现步骤三

实例十：庭院小品 10 表现步骤。

步骤一：绘制出羽状复叶植物和草丛并勾画出躺椅的局部（图 5-40）。

图 5-40　庭院小品 10 表现步骤一

步骤二：用线条勾画出背景矮墙，并继续完善躺椅及草丛（图 5-41）。

图 5-41　庭院小品 10 表现步骤二

步骤三：用矩形条砖填充矮墙，并画出矮墙背后的芭蕉（图 5-42）。

图 5-42　庭院小品 10 表现步骤三

实例十一：庭院小品11表现步骤。

步骤一：注意观察树的姿态并从叶子开始绘画，直至完成植物的大体造型（图5-43）。

图5-43   庭院小品11表现步骤一

步骤二：继续丰富和完善植物造型，并画出树池中的草丛及右侧台阶部分（图5-44）。

图5-44   庭院小品11表现步骤二

步骤三：继续完成台阶的绘制，然后画出右侧的装饰隔离墙及植物，用轻松的线条勾画出地面的水流，使画面构图更完美（图5-45）。

图5-45   庭院小品11表现步骤三

实例十二：庭院小品 12 表现步骤。

步骤一：画出植物并认真处理植物叶子的压叠与穿插关系，并从整体上把握植物的生长特点及形态特征（图5-46）。

图 5-46　庭院小品 12 表现步骤一

步骤二：用线条勾画出背景建筑装饰，并画出低矮植物（图 5-47）。

图 5-47　庭院小品 12 表现步骤二

步骤三：画出右侧植物并注意与左侧植物的呼应，然后勾画出前侧的躺椅及木板路面，线条应平直些（图 5-48）。

图 5-48　庭院小品 12 表现步骤三

实例十三：庭院小品 13 表现步骤。

步骤一：采用圆叶形的树冠
表现方式勾画植物造型并画出枝
干（图 5-49）。

步骤二：目测画面的透视关系并确定沙发
的空间位置，用线条把它们表现出来（图 5-50）。

图 5-49　庭院小品 13 表现
　　　　　步骤一

图 5-50　庭院小品 13 表现步骤二

步骤三：用灵活的线条画出沙发背后芭蕉及其他圆叶形植物，画出地面的碎石，并整体协调
画面（图 5-51）。

图 5-51　庭院小品 13 表现步骤三

实例十四：庭院小品 14 表现步骤。

步骤一：确定好小品的透视关系和空间位置，画出两把座椅、圆桌及左面的建筑装饰(图5-52)。

图 5-52　庭院小品 14 表现步骤一

步骤二：画出场景植物及圆桌后边的椅子，用线条画出地面铺砖，并表现出建筑装饰及座椅的阴影区域（图 5-53）。

图 5-53　庭院小品 14 表现步骤二

步骤三: 整体协调画面, 完善左侧小乔木使之更加自然, 勾画出圆桌右侧后方的绿植(图5-54)。

图 5-54　庭院小品 14 表现步骤三

实例十五: 庭院小品 15 表现步骤。

步骤一: 采用圆叶形的线条画出左侧乔木的树冠并用硬实的线条画出树干, 然后画出右侧建筑, 注意乔木与建筑的前后关系(图 5-55)。

图 5-55　庭院小品 15 表现步骤一

步骤二：继续完善建筑，并画出右侧植物及石块（图5-56）。

图5-56　庭院小品15表现步骤二

步骤三：画出右侧矮墙并用线条画出路面石板，线条走向应趋于水平以免出现透视错误。深入表现建筑及台阶部分并绘制出矮墙后面的大树，使画面更具空间感（图5-57）。

图5-57　庭院小品15表现步骤三

实例十六：庭院小品表现参考图例（图 5-58～图 5-61）。

图 5-58　庭院小品表现参考图例 1

图 5-59　庭院小品表现参考图例 2

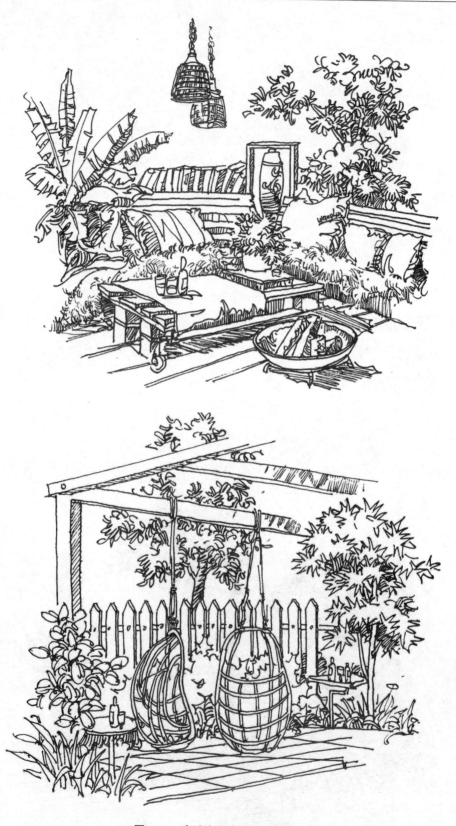

图 5-60 庭院小品表现参考图例 3

图 5-61　庭院小品表现参考图例 4

第六章 CHAPTER SIX 园林微景观表现技法指南与实例步骤

　　园林微景观是钢笔画经常表现的题材也是强化表现技法的重要一环，所谓微景观就是指小品相对完整但体量与空间不很大，透视要求也不强，很适合初学者练习。微景观虽不具备大型场景的透视，但对于造型的主次表现及空间关系还是有一定的要求的，不仅仅是简单地把植物进行无序组合与堆积。要想画好小品首先需要有合理的构图，确定画面主题，明确表现方式方法，合理处理好画面的虚实、黑白、疏密关系。在表现中遇到同一类植物需要按照前后空间的不同及主次作用而变换笔法，每一株或每一丛植物都是相互陪衬和联系的，不能割裂出来绘制，这和单独描绘一株或一丛植物有很大的不同。

　　表现步骤方式方法没有绝对的标准，可以先起稿画出大致形体然后再深入刻画，也可以边画边调整最后协调整个画面使整幅作品构图完整，具有较好的视觉效果（图 6-1 ）。

图 6-1　微景观表现技法

第一节　植物配置表现技法指南与实例步骤

在大家掌握了基本的植物单体表现方法后，我们可以尝试将不同植物或配景组合在一起使其相对完整，说到组合那么就会有主次，一般情况下，我们最好不要单纯复制技法，也就是说组合中同样一棵树不能完全采取同样的表现手段，因为所处空间位置和主次要求不同，所以要求我们处理好彼此的主次、虚实关系。大家在练习中一定要注重这一点。

实例一：植物配置小品 1 表现步骤。

步骤一：用灵活的圆叶形线条勾画植物造型，并注意造型的层次及明暗关系（图 6-2）。

图 6-2　植物配置小品 1 表现步骤一

步骤二：继续向右侧绘制台阶和植物，并注意协调造型的黑白对比（图 6-3）。

图 6-3　植物配置小品 1 表现步骤二

步骤三：绘制右侧的草丛，注意草叶的前后关系，并协调整个画面（图6-4）。

图 6-4 植物配置小品 1 表现步骤三

实例二：植物配置小品 2 表现步骤。

步骤一：画出灌木丛并注意协调石块的留白（图6-5）。

图 6-5 植物配置小品 2 表现步骤一

步骤二：继续勾画出右侧的石板，并用排线的方式勾画其侧面，画出陶罐及部分草丛（图6-6）。

图 6-6 植物配置小品 2 表现步骤二

步骤三：在陶罐后面画出石块及宽叶形植物，并画出平衡画面的右侧草丛（图6-7）。

图6-7　植物配置小品2表现步骤三

实例三：植物配置小品3表现步骤。

步骤一：先画出栅栏局部再绘制草丛及其他植物，注意二者的前后关系（图6-8）。

图6-8　植物配置小品3表现步骤一

步骤二：在空白的地方继续绘制植物，线条应灵活些，最后补齐右侧栅栏（图6-9）。

图6-9　植物配置小品3表现步骤二

步骤三：在右侧栅栏上方画出圆叶形植物，并在栅栏右侧绘制石块以衬托栅栏和草丛（图6-10）。

图6-10　植物配置小品3表现步骤三

实例四：植物配置小品4表现步骤。

步骤一：用线条绘制出灌木，注意灌木枝叶的层次关系（图6-11）。

图6-11　植物配置小品4表现步骤一

步骤二：依次完成石块及其他配置，左侧地被的处理采用排短线的方式绘制，以衬托石块（图6-12）。

图6-12　植物配置小品4表现步骤二

步骤三：勾画出植物后面的巨石，手绘线条要谨慎些，不宜和前方植物交叉，并用几字形的表现方式完成右侧小灌木丛，同时用水平线绘制地面（图6-13）。

图 6-13　植物配置小品 4 表现步骤三

实例五：植物配置小品 5 表现步骤。

步骤一：用圆叶形线条完成小乔木及其他灌木丛（图6-14）。

图 6-14　植物配置小品 5 表现步骤一

步骤二：继续绘制出右侧植物及石块，正确处理好石块与植物的前后虚实关系（图6-15）。

图 6-15　植物配置小品 5 表现步骤二

步骤三：在石块上方勾画出长条叶形植物，然后勾画出后面的长条巨石及枯枝，使画面更有空间感（图6-16）。

图 6-16　植物配置小品 5 表现步骤三

实例六：植物配置小品 6 表现步骤。

步骤一：用几字形折线勾画出乔木树冠然后画出穿插在叶子中间的枝干，同时完成底部的灌木丛，几字形折线的跨度可以适当减小，以便与乔木的区分（图6-17）。

步骤二：参考所绘制的部分造型画出前面的石块和后面的草丛（图6-18）。

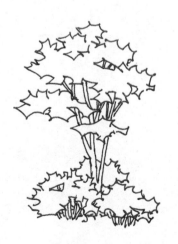

图 6-17　植物配置小品 6 表现步骤一

图 6-18　植物配置小品 6 表现步骤二

步骤三：进一步完善构图，画出画面右后方的植物并补齐石块部分，然后用线条表现出水面使画面更完整（图 6-19）。

图 6-19　植物配置小品 6 表现步骤三

实例七：植物配置小品 7 表现步骤。

步骤一：从画面的左侧起笔，用几字形线条画出高低不同的植物（图 6-20）。

步骤二：画出小路及左前方的草坪，然后用线条勾勒出两旁的防护栏，线条应轻松自由（图 6-21）。

图 6-20　植物配置小品 7 表现步骤一

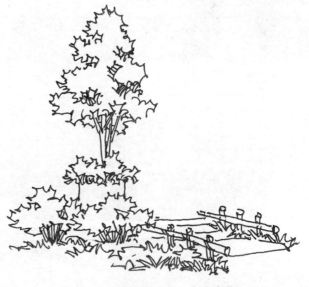

图 6-21　植物配置小品 7 表现步骤二

步骤三：画出右侧圆叶形植物及中间的小树，应该注意叶形的大小变化（图 6-22）。

图 6-22　植物配置小品 7 表现步骤三

实例八：植物配置小品 8 表现步骤。

步骤一：沿着从上到下的运笔顺序勾画出草叶，并注意草叶之间的交错及前后关系，然后画出石块（图 6-23）。

步骤二：继续丰富画面，并画出右侧草丛及前方石块（图 6-24）。

图 6-23　植物配置小品 8 表现步骤一

图 6-24　植物配置小品 8 表现步骤二

步骤三：画出其他两棵灌木，注意两者造型所用的线条差异。为使画面更完整，应画出石块在地面的投影及右前方的草丛（图 6-25）。

图 6-25　植物配置小品 8 表现步骤三

实例九：植物配置小品 9 表现步骤。

步骤一：从植物顶部画起，用相对硬实的线条对剑麻叶片进行塑造，注意剑形叶片的朝向（图 6-26）。

图 6-26 植物配置小品 9 表现步骤一

步骤二：绘制完剑麻后，用线条简单勾勒出石块及小灌木（图 6-27）。

图 6-27 植物配置小品 9 表现步骤二

步骤三：勾画出背景的大石块，石块线条要注意避让左前方剑麻，不能穿越，接着画出石块及其后面的剑麻（图 6-28）。

图 6-28 植物配置小品 9 表现步骤三

实例十：植物配置小品 10 表现步骤。

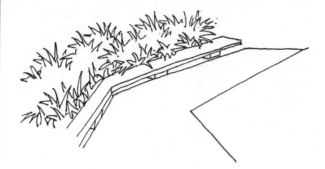

步骤一：绘制出木板路的基础构架及左侧草丛，路面线条的延伸方向很重要，大家一定要认真观察，避免透视错误（图 6-29）。

图 6-29　植物配置小品 10 表现步骤一

步骤二：继续完善木板桥并绘制出左侧宽叶形植物及右侧的灌木（图 6-30）。

图 6-30　植物配置小品 10 表现步骤二

步骤三：继续协调画面，并适当表现出木板桥的投影及右侧草坪，使画面更紧凑和完整（图 6-31）。

图 6-31　植物配置小品 10 表现步骤三

实例十一：植物配置小品 11 表现步骤。

步骤一：从左侧开始起笔绘制出石块及植被，并协调植被与石块的对比关系（图 6-32）。

步骤二：绘制出画面左侧的圆叶形小乔木，表现方法与步骤一植被的表现类似，并画出石块（图 6-33）。

图 6-32　植物配置小品 11 表现步骤一

图 6-33　植物配置小品 11 表现步骤二

步骤三：继续采用圆叶形的线条绘制出右侧的植被，植被塑造要有层次性（图 6-34）。

图 6-34　植物配置小品 11 表现步骤三

实例十二：植物配置小品 12 表现步骤。

步骤一：先画出树冠部分然后画出枝干，并适当表现出底部的石块和草丛（图 6-35）。

步骤二：按照一点透视的方法勾画出地面铺装线条，并画出右后方的配景（图 6-36）。

图 6-35　植物配置小品 12 表现步骤一

图 6-36　植物配置小品 12 表现步骤二

步骤三：画出位于大树后面的曲线型装饰墙，然后再勾画出装饰墙后面的枯树及其他植物（图 6-37）。

图 6-37　植物配置小品 12 表现步骤三

实例十三：植物配置小品 13 表现步骤。

步骤一：初步勾画出位于画面前方的汽车，线条不要涂抹，最好一次成形（图 6-38）。

图 6-38　植物配置小品 13 表现步骤一

步骤二：继续完成对汽车的绘制并画出投影，接着画出左侧植物与木牌，然后勾画出右侧部分植物（图 6-39）。

图 6-39　植物配置小品 13 表现步骤二

步骤三：将步骤二中的植物补画完整，然后画出最左侧的低矮植物及车子后面的几字形灌木，使之陪衬画面（图 6-40）。

图 6-40　植物配置小品 13 表现步骤三

实例十四：植物配置小品 14 表现步骤。

步骤一：确定海枣的形体特征然后从顶部入手开始画起，注意羽状复叶的压叠处理（图 6-41）。

图 6-41　植物配置小品 14 表现步骤一

步骤二：完成海枣其他叶子及树干部分，并画出左侧护栏立柱及灌木丛（图 6-42）。

图 6-42　植物配置小品 14 表现步骤二

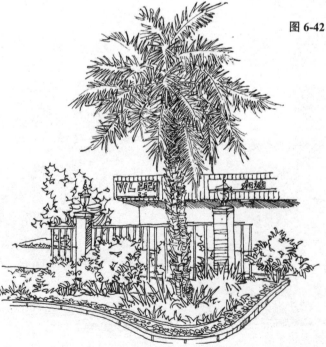

步骤三：勾画出护栏及后方建筑，并完善前侧的草坪等（图 6-43）。

图 6-43　植物配置小品 14 表现步骤三

实例十五：植物简单配置小品 15 表现步骤。

步骤一：仔细观察图稿并确定曲线护栏的形状，先勾画出部分护栏然后再画出植物，使之具有较好的空间关系（图 6-44）。

步骤二：参考左侧所画护栏绘制出右半部分（图 6-45）。

图 6-44　植物配置小品 15 表现步骤一

图 6-45　植物配置小品 15 表现步骤二

步骤三：用相对水平的线条连接左右护栏并画出草丛，绘制草丛时一定要控制好线条，草丛线条最好不要和护栏线条交叉（图 6-46）。

图 6-46　植物配置小品 15 表现步骤三

实例十六：植物配置小品 16 表现步骤。

步骤一：用圆叶形的线条画出小灌木，线条要自由生动（图 6-47）。

步骤二：依次画出灌木底部的植物及石块部分，然后画出小木板桥及右侧部分植物（图 6-48）。

图 6-47　植物配置小品 16
表现步骤一

图 6-48　植物配置小品 16 表现步骤二

步骤三：勾画出小桥的木板线条然后画出后面的乔木及其他灌木丛，用水平排线的方法画出水面，注意要躲开位于水中的石块。最后完善右侧的植物部分，使画面更完整（图 6-49）。

图 6-49 植物配置小品 16 表现步骤三

实例十七：植物配置小品参考图例（图 6-50 ~ 图 6-54）。

图 6-50 植物配置小品参考图例 1

图 6-51 植物配置小品参考图例 2

图 6-52　植物配置小品参考图例 3

图 6-53　植物配置小品参考图例 4

图 6-54　植物配置小品参考图例 5

第二节　园林石头配景表现技法指南与实例步骤

园林石头配景是景观造型设计中经常用到的手法，所选用石头类型也有很大差异，石头与植物的搭配及寓意更是讲究。在实践表现中大家要注意从整体上去把握石头的配景，不能简单勾画外形，而需要注重整个景观意蕴的表达。

石头的画法及表现步骤

石头在绘画中一般要表现出三个面才会显得更为立体，而对于不同结构体面可以根据其结构来选择用笔方向。两块以上的石块组合则需要处理好彼此的关系，注意主次分明虚实得当，处理好石块缝隙及衔接处等。而对于假山的表现可以通过线的逐层叠加予以实现。不管哪种画法都需要掌握好线条的软硬度，需要表现出石头的硬度和足够的重量，这是起码的要求。

在小品写生过程中大家要根据所画场景进行必要的概括或表现，不能照搬照抄。很多时候石头，尤其是大石头，往往是用来衬托植物的，其表现方法应更为简单，只勾画出大轮廓即可；而有的时候则需要细致处理和认真塑造（图6-55、图6-56）。

图6-55　石头画法表现1

图 6-56 石头画法表现 2

实例一：园林石头配景 1 表现步骤。

步骤一：用相对硬实的线条绘制出石头的轮廓，线条要注意错位及压线（图 6-57）。

步骤二：在石块轮廓中画出结构线，并细分出顶面及石块的侧面，注意线条应相对自然，使其厚度各不相同（图 6-58）。

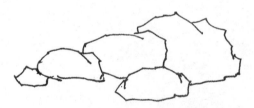

图 6-57 园林石头配景 1 表现步骤一

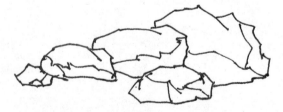

图 6-58 园林石头配景 1 表现步骤二

步骤三：对石块的侧面进行排线，排线要贴合结构，并注意线条间的疏密关系（图 6-59）。

图 6-59 园林石头配景 1 表现步骤三

步骤四：重点处理石块彼此之间的遮挡及阴影关系，并画出石块与地面的阴影线（图 6-60）。

图 6-60　园林石头配景 1 表现步骤四

实例二：园林石头配景 2 表现步骤。

图 6-61　园林石头配景 2 表现步骤一

步骤一：用果敢的线条完成三块石头的绘画，并用排线的方式适当处理好石头的暗部（图 6-61）。

步骤二：继续向右侧绘制其他石头及碎石断面（图 6-62）。

图 6-62　园林石头配景 2 表现步骤二

步骤三：用流畅的线条画出倾泻而下的水流，然后用水平线表现石头与水面的衔接部位及水面效果（图 6-63）。

图 6-63　园林石头配景 2 表现步骤三

实例三：园林石头配景 3 表现步骤。

步骤一：用硬实的线条先勾勒出山体的局部，重点是压线的处理，线条间需要互相照应（图 6-64）。

步骤二：按照上述方法继续绘画，并注意山体的延伸方向（图 6-65）。

图 6-64　园林石头配景 3 表现步骤一

图 6-65　园林石头配景 3 表现步骤二

步骤三：确定好山的主峰与陪衬山头的关系，表现的完整程度上可以予以区别对待（图 6-66）。

图 6-66　园林石头配景 3 表现步骤三

实例四：园林石头配景 4 表现步骤。

步骤一：先画出部分草丛然后以简单的线条勾画出石块，并对其暗部进行加深处理（图 6-67）。

步骤二：参考步骤一所绘制的部分并完成其他部分的绘制，尤其要注意右侧石块暗部与毗邻的草丛的处理效果，强调黑白对比（图 6-68）。

图 6-67　园林石头配景 4 表现步骤一

图 6-68　园林石头配景 4 表现步骤二

步骤三：继续完成前侧草坪及后面的圆叶形灌木，并协调画面补画出右侧下方的小灌木，使画面更完整（图6-69）。

图 6-69　园林石头配景 4 表现步骤三

实例五：园林石头配景 5 表现步骤。

步骤一：用自由的线条勾画出灌木丛叶子并画出草丛，最后用硬实的直线形画出石块（图6-70）。

图 6-70　园林石头配景 5 表现步骤一

步骤二：绘制出右侧灌木及其他配景，并用短线加深石块侧面（图6-71）。

图 6-71　园林石头配景 5 表现步骤二

步骤三：整体协调画面，绘制出地被植物及右侧石块后面的植物（图6-72）。

图6-72　园林石头配景5表现步骤三

实例六：园林石头配景6表现步骤。

步骤一：用相对硬实的曲线勾画出太湖石，并注意太湖石的特征表现，线条不要有"勾"和"毛刺"（图6-73）。

步骤二：画出太湖石底部的植物，植物造型可以适当密一些，使之与太湖石产生黑白对比（图6-74）。

图6-73　园林石头配景6表现步骤一

图6-74　园林石头配景6表现步骤二

步骤三：勾画出地面铺砖并画出芭蕉及其他植物，使画面更完整（图6-75）。

图6-75　园林石头配景6表现步骤三

实例七：园林石头配景 7 表现步骤。

步骤一：用线条勾画出三块景观石，初步 对石块进行体面表现，并完成草丛和路面的绘 制（图 6-76）。

步骤二：勾画出位于景观石后方的树干， 树的枝干不要太粗（图 6-77）。

图 6-76 园林石头配景 7 表现步骤一

图 6-77 园林石头配景 7 表现步骤二

步骤三：用簇状短线画出树冠并进一步完善景观石的肌理，使之更为自然，并在路面增添些 碎石（图 6-78）。

图 6-78 园林石头配景 7 表现步骤三

实例八：园林石头配景 8 表现步骤。

步骤一：先用简单的线条勾画出石块，然后画出草丛及灌木等，石块处理可以相对简洁而植物表现可以相对写实些，应做到黑白虚实对比明确（图6-79）。

图 6-79　园林石头配景 8 表现步骤一

步骤二：画出右侧的小乔木，树冠叶形可灵活些并适当处理树冠的暗部（图 6-80）。

图 6-80　园林石头配景 8 表现步骤二

步骤三：用线画出栅栏并表现出条形木头的宽度和厚度，接着画出栅栏前后的植物，而栅栏后方更远的植物可以用其起伏的折线画出大致轮廓，然后用倾斜的线进行加深处理（图 6-81）。

图 6-81　园林石头配景 8 表现步骤三

实例九：园林石头配景 9 表现步骤。

步骤一：用起伏较小的几字形线勾画出部分树冠及树枝（图 6-82）。

图 6-82 园林石头配景 9 表现步骤一

步骤二：完成乔木造型然后画出灌木及草丛，注意灌木处理手法的异同（图 6-83）。

图 6-83 园林石头配景 9 表现步骤二

步骤三：画出右侧的芭蕉及草丛等，最后画出后面的条形石，线条不要穿越植物（图 6-84）。

图 6-84 园林石头配景 9 表现步骤三

实例十：园林石头配景 10 表现步骤。

步骤一：仔细观察画面，先画出顶部石块然后画出草丛及其他造型，用快速的线条画出瀑布和溅起的水花（图 6-85）。

图 6-85　园林石头配景 10 表现步骤一

步骤二：参考步骤一造型绘制出右侧石块及灌木（图 6-86）。

图 6-86　园林石头配景 10 表现步骤二

步骤三：进一步丰富并完成右侧植物的绘制和表现，然后完善一下水面使画面更完整（图 6-87）。

图 6-87　园林石头配景 10 表现步骤三

实例十一：园林石头配景 11 表现步骤。

步骤一：用轻松灵活的线条绘制出草丛，然后很小心地勾画出石块，注意要躲避开低垂的草叶，这样处理会更自然。用快速而流畅的线条画出瀑布和水花，并加深毗邻石块处的暗部（图6-88）。

图 6-88 园林石头配景 11 表现步骤一

步骤二：继续完善图稿，画出其余的石块和草丛（图6-89）。

图 6-89 园林石头配景 11 表现步骤二

步骤三：勾画出石块后面的小树及前侧的绿植，并适当丰富石块（图6-90）。

图 6-90 园林石头配景 11 表现步骤三

实例十二：园林石头配景 12 表现步骤。

步骤一：首先绘制出左上角的植物，然后绘制出石块造型，适当表现一下水面（图 6-91）。

图 6-91　园林石头配景 12 表现步骤一

步骤二：继续完善画面并用轻松流畅的线条画出瀑布部分，线条运笔要快些（图 6-92）。

图 6-92　园林石头配景 12 表现步骤二

步骤三: 按照步骤二的表现方法完成画面右侧部分造型, 同时画出水流前侧的草丛 (图6-93)。

图6-93　园林石头配景12表现步骤三

实例十三: 园林石头配景参考图例 (图6-94~图6-97)。

图6-94　园林石头配景参考图例1

图 6-95 园林石头配景参考图例 2

图 6-96　园林石头配景参考图例 3

图 6-97　园林石头配景参考图例 4

第三节　景墙与雕塑类小品表现技法指南与实例步骤

　　景墙在园林景观中起到分割空间与装饰场景的作用。景墙的钢笔画表现相对简洁，并多用于衬托植物，绘画时线条一定要画得笔直一些、硬实一些，不能太弯曲或柔软，这是由景墙的性质决定的。应根据景墙的空间位置来判断绘画的先后顺序，也可以事先留白等最后绘制。

　　雕塑是一种造型艺术，借以反映社会生活、表达艺术家的审美情趣，多用于美化环境或纪念，往往具有一定寓意和象征作用。雕塑所用的材料多种多样，表现风格也迥然不同。雕塑在园林场景中是经常见到的，大家在表现中不用过于深挖细节，只需要把握大型即可，尤其是写实类雕塑，如动物、人像等。

一、景墙小品表现实例

实例一：景墙小品 1 表现步骤。

步骤一：从树冠画起，表现出棕榈叶片之间的压叠与遮掩关系，并用横向弧形短线丰富树干的肌理效果（图6-98）。

步骤二：画出地面草坪并用线分割画面空间，然后画出另外的一棵棕榈与灌木丛（图6-99）。

图 6-98　景墙小品 1 表现步骤一

图 6-99　景墙小品 1 表现步骤二

步骤三：进一步细分画面，表现出台阶与草丛，勾画出远处的景墙与标牌等（图6-100）。

图 6-100　景墙小品 1 表现步骤三

实例二：景墙小品 2 表现步骤。

步骤一：首先勾画出小丛植物，然后勾画出景墙的线条和石块（图6-101）。

图 6-101　景墙小品 2 表现步骤一

步骤二：完成景墙前面的大树，然后细化石块和添加地面的碎石，画出景墙镂空处后面的部分植物（图6-102）。

图 6-102　景墙小品 2 表现步骤二

步骤三：继续完善画面，完成椰树及景墙左后方的灌木，注意椰树的树干要透过镂空处，并合理安排空间关系（图6-103）。

图6-103　景墙小品2表现步骤三

实例三：景墙小品3表现步骤。

步骤一：从自己颇为熟悉或拿手的植物开始入手，一气呵成画出植物和草地部分（图6-104）。

图6-104　景墙小品3表现步骤一

步骤二：依次画出矮墙及其他植物，控制好绘画的速度与节奏（图6-105）。

图6-105　景墙小品3表现步骤二

步骤三：用双线的方式绘制出标牌字迹，然后再绘制背板木条，最后画出左侧的大树（图6-106）。

图 6-106 景墙小品 3 表现步骤三

实例四：景墙小品 4 表现步骤。

步骤一：绘制出两棵高低不同的椰树及底侧的石块与灌木（图 6-107）。

步骤二：继续向右侧绘制出其他几字形植物，然后绘制出背景景墙，线条一定要避开植物（图 6-108）。

图 6-107 景墙小品 4 表现步骤一

图 6-108 景墙小品 4 表现步骤二

步骤三: 绘制出景墙后面的芭蕉及右侧的圆叶形乔木, 并协调右侧石块的空间位置 (图 6-109)。

图 6-109 景墙小品 4 表现步骤三

步骤四: 对景墙左前侧植物以排线填充, 塑造更丰富的空间层次, 用线条表现出水面并继续完善整个画面 (图 6-110)。

图 6-110 景墙小品 4 表现步骤四

实例五：景墙小品 5 表现步骤。

步骤一：用几字形线条画出树冠，然后画出树的枝干，并简单勾画出草地（图 6-111）。

步骤二：仔细观察构图，在大树后面的位置画出灌木及绿篱，然后画出人物，使场景初步具有空间感（图 6-112）。

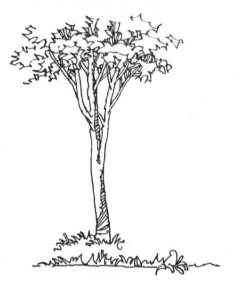

图 6-111　景墙小品 5 表现步骤一

图 6-112　景墙小品 5 表现步骤二

步骤三：按照上述方法继续绘制画面其他造型及空间，勾画出地面条线，为了活跃气氛可以简单勾勒出天空的两只小鸟（图 6-113）。

图 6-113　景墙小品 5 表现步骤三

实例六：景墙小品 6 表现步骤。

步骤一：勾画出几字形树冠小乔木及树池、台阶等（图 6-114）。

图 6-114　景墙小品 6 表现步骤一

步骤二：沿着台阶线延伸的方向继续绘制出花池及植物，并画出小树的枝干（图 6-115）。

图 6-115　景墙小品 6 表现步骤二

步骤三：在道路中间画出人物，确保其合理的大小及比例，地面道路可用近乎水平的线稍加表现（图 6-116）。

图 6-116　景墙小品 6 表现步骤三

步骤四：参考左侧小乔木画出右侧几字形树冠的乔木并完善其他造型，远处的灌木丛则用富有韵律感的倾斜线条加以表现（图6-117）。

图 6-117　景墙小品 6 表现步骤四

实例七：景墙小品 7 表现步骤。

步骤一：首先绘制出曲线路径及相邻植物，所画路径要符合透视，只有路径画正确了才能往下进行（图6-118）。

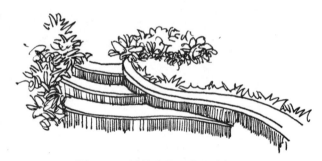

图 6-118　景墙小品 7 表现步骤一

步骤二：继续用曲线型绘制出右侧列植灌木球及景墙等，竹子需要注意竹叶的层次表现（图6-119）。

图 6-119　景墙小品 7 表现步骤二

步骤三：为了平衡画面需绘制出左侧的雕塑，为了强化路面透视关系应绘制出水平线（图6-120）。

图 6-120　景墙小品 7 表现步骤三

实例八：景墙小品 8 表现步骤。

步骤一：先画出左上方的植物，并注意植物造型的素描关系，适当放松植物左上方，同时表现出稍微低矮的植物，最后勾画出花池的结构线（图 6-121）。

步骤二：用细密的线条加深处理植物丛的暗部，并用线条进一步细化花池，接着画出台阶（图 6-122）。

图 6-121　景墙小品 8 表现步骤一

图 6-122　景墙小品 8 表现步骤二

步骤三：用同样的笔法完成画面右侧的植物，注意植物与台阶的衔接要自然，不宜留有过多的空隙（图6-123）。

图 6-123　景墙小品 8 表现步骤三

二、雕塑类小品表现实例

实例一：雕塑类小品 1 表现步骤。

步骤一：从动物雕塑的头部画起，线条要轻快果决，最好一次成型（图6-124）。

图 6-124　雕塑类小品 1 表现步骤一

步骤二：绘制完动物雕塑造型轮廓，并简单勾画出地面丛生的植物（图6-125）。

图 6-125　雕塑类小品 1 表现步骤二

图 6-126　雕塑类小品 1 表现步骤三

步骤三：继续完善丛生植物，最后画出后面的遮挡木板并用双线条书写字母（图6-126）。

实例二：雕塑类小品 2 表现步骤。

步骤一：从顶部开始绘制雕塑造型并画出底座和草地，用排线的方法在雕塑的暗部适当加深处理（图 6-127）。

图 6-127　雕塑类小品 2 表现步骤一

步骤二：画出右侧大树，枝叶要避开雕塑，使之陪衬在雕塑之后（图 6-128）。

图 6-128　雕塑类小品 2 表现步骤二

步骤三：画出远处的台阶线及盆栽植物，同时丰富草坪，最后画出人物（图 6-129）。

图 6-129　雕塑类小品 2 表现步骤三

实例三：雕塑类小品 3 表现步骤。

步骤一：仔细观察整幅画面，确定好各部的空间位置，然后从雕塑人物、马匹画起，线条要肯定，不宜涂抹（图 6-130）。

步骤二：继续完成人物和马匹的表现，初步画出底座部分（图 6-131）。

步骤三：画出防护链条之后再画出底座右侧的柏树及其他植物（图 6-132）。

图 6-130 雕塑类小品 3 表现步骤一

图 6-131 雕塑类小品 3 表现步骤二

图 6-132 雕塑类小品 3 表现步骤三

步骤四：完成左侧植物的同时将右侧不同植物也表现出来，用曲线勾勒出路面并表现出草丛（图 6-133）。

图 6-133 雕塑类小品 3 表现步骤四

实例四：雕塑类小品 4 表现步骤。

步骤一：用较为熟练的线条画出圆叶形树木，使之自然生动，然后画出底部草丛（图 6-134）。

步骤二：在预留出的空白位置画出雕塑，并完善草丛及后方植物（图 6-135）。

图 6-134　雕塑类小品 4 表现步骤一

图 6-135　雕塑类小品 4 表现步骤二

步骤三：画出左侧墙线，并绘制出画面中间及右侧的树木和灌木丛，路面用水平线加以分割，最后画出正面墙线及后方植物（图 6-136）。

图 6-136　雕塑类小品 4 表现步骤三

实例五：雕塑类小品 5 表现步骤。

步骤一：采用几字形的表现方法表现树木，注意枝干的穿插要自然，接着画出底部树池、人物及远处的路面等。人物大小要注意正确的比例关系（图 6-137）。

步骤二：画出遮阳板造型及右侧的树木与人物，注意近大远小的透视关系，并完善画面右侧草丛等（图 6-138）。

图 6-137 雕塑类小品 5 表现步骤一

图 6-138 雕塑类小品 5 表现步骤二

步骤三：画面向右扩展画出简单雕塑及枯树干、芭蕉等造型，使小品空间更宽敞（图 6-139）。

图 6-139 雕塑类小品 5 表现步骤三

实例六：雕塑类小品 6 表现步骤。

步骤一：用几字形表现树冠的画法画出乔木与底部的灌木丛，并简单画出小路线条（图 6-140）。

步骤二：接下来画出其他植物、人物及雕塑，并完善小路的台阶（图 6-141）。

图 6-140　雕塑类小品 6 表现步骤一

图 6-141　雕塑类小品 6 表现步骤二

步骤三：整体观察画面，然后确定右侧小乔木及中间花架的位置并画出它们，最后画出右侧下方的草丛，使画面构图完整（图 6-142）。

图 6-142　雕塑类小品 6 表现步骤三

实例七：雕塑类小品 7 表现步骤。

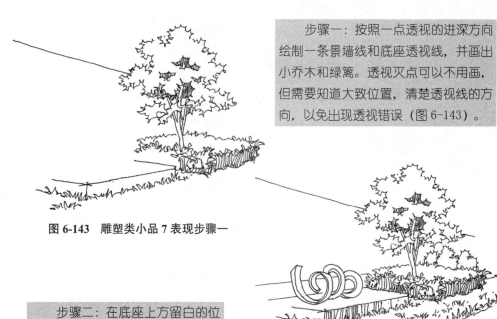

步骤一：按照一点透视的进深方向绘制一条景墙线和底座透视线，并画出小乔木和绿篱。透视灭点可以不用画，但需要知道大致位置，清楚透视线的方向，以免出现透视错误（图 6-143）。

图 6-143　雕塑类小品 7 表现步骤一

步骤二：在底座上方留白的位置绘制出卷曲的装饰雕塑，然后画出透视线及右侧草坪（图 6-144）。

图 6-144　雕塑类小品 7 表现步骤二

步骤三：用排线的方式画出远处的灌木丛，然后画出小路及右面的乔木与其他植物，用些许的平线条表现地面上的树叶投影，以呼应画面左右构图（图 6-145）。

图 6-145　雕塑类小品 7 表现步骤三

实例八：雕塑类小品 8 表现步骤。

步骤一：首先绘制出两棵高低不同的椰树，然后勾画出草丛及灌木（图 6-146）。

图 6-146 雕塑类小品 8 表现步骤一

步骤二：仔细观察画面并在左侧椰树后面绘制出台阶及灌木丛，然后绘制出装饰栅栏及雕塑等（图 6-147）。

图 6-147 雕塑类小品 8 表现步骤二

步骤三：补画出画面中的灌木及远处的乔木，并细化装饰栅栏（图 6-148）。

图 6-148 雕塑类小品 8 表现步骤三

实例九：景墙与雕塑类小品参考图例（图 6-149～图 6-155）。

图 6-149　景墙与雕塑类小品参考图例 1

图 6-150 景墙与雕塑类小品参考图例 2

图 6-151 景墙与雕塑类小品参考图例 3

图 6-152　景墙与雕塑类小品参考图例 4

图 6-153　景墙与雕塑类小品参考图例 5

图 6-154 景墙与雕塑类小品参考图例 6

图 6-155   景墙与雕塑类小品参考图例 7

第四节　建筑小品配景表现技法指南与实例步骤

建筑小品是写生中常见的绘画题材，要求学生掌握一定的透视基础和造型的塑造方法，能够合理构图并初步具备对画面的协调能力。建筑小品所涉及的表现内容既可以是小物件，也可以是建筑局部或整栋建筑，但在表现中建筑则是重点。植物与人物等配景要与建筑相互衬托，做到既能增加意境又能活跃场景气氛。

实例一：建筑小品配景 1 表现步骤。

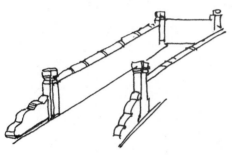

步骤一：起笔前需要确定好桥的透视关系，从左侧桥护板开始绘制（图 6-156）。

图 6-156　建筑小品配景 1 表现步骤一

步骤二：以左侧桥护板为参考继续绘制，并完成整座桥的结构（图 6-157）。

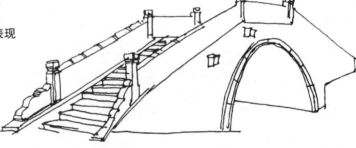

图 6-157　建筑小品配景 1 表现步骤二

步骤三：按照石桥的结构细化桥侧面并绘制出条石，用排线的方法表现出桥护板内侧的投影（图 6-158）。

图 6-158　建筑小品配景 1 表现步骤三

步骤四：绘制出桥体两边的大树及植物，左侧大树宜重点表现，而远处的树木树冠宜用几字形进行概括（图 6-159）。

图 6-159　建筑小品配景 1 表现步骤四

实例二：建筑小品配景 2 表现步骤。

步骤一：首先绘制出枯树及右侧石板路，注意树枝的粗细及前后关系（图6-160）。

步骤二：在步骤一的基础上继续绘制出石板的厚度及左侧灌木带（图 6-161）。

图 6-161　建筑小品配景 2 表现步骤二

图 6-160　建筑小品配景 2 表现步骤一

步骤三：参考已经勾画出的左侧枯树，完成右侧树木并完成其他辅助配景的绘画（图6-162）。

图 6-162　建筑小品配景 2 表现步骤三

实例三：建筑小品配景 3 表现步骤。

步骤一：用圆叶形线条勾画出树木树冠，注意树冠和枝杈间的遮掩关系（图 6-163）。

图 6-163　建筑小品配景 3 表现步骤一

步骤二：勾画出树前方的建筑和墙体及其左侧的草丛（图 6-164）。

图 6-164　建筑小品配景 3 表现步骤二

步骤三：继续丰富墙体及房屋顶部瓦片，并绘制出前侧草坪（图 6-165）。

图 6-165　建筑小品配景 3 表现步骤三

步骤四：画出房屋正面墙体及窗户，丰富下方的灌木丛及石块等（图 6-166）。

图 6-166　建筑小品配景 3 表现步骤四

实例四：建筑小品配景 4 表现步骤。

步骤一：用圆叶形线条绘制出左上角的植物，并用流畅的线条绘制出建筑的门框及门扇等（图 6-167）。

步骤二：以左侧所绘制的造型为参考，绘制出右侧的尖顶建筑及附属物（图 6-168）。

图 6-168　建筑小品配景 4 表现步骤二

图 6-167　建筑小品配景 4 表现步骤一

步骤三：继续完善及协调画面，注重画面的完整及平衡性。完成尖顶建筑的环形砖及后方的树干，用较清浅的线条绘制出建筑内部空间及附属物（图 6-169）。

图 6-169　建筑小品配景 4 表现步骤三

实例五：建筑小品配景 5 表现步骤。

图 6-170　建筑小品配景 5 表现步骤一

步骤二：继续绘制出环状台阶及远处的植物，并丰富景亭，增强其视觉效果（图6-171）。

图 6-171　建筑小品配景 5 表现步骤二

步骤三：画出人工瀑布及水体，处理好瀑布下落溅起的水花及产生的涟漪。分别勾画出左右的水生植物以平衡画面（图6-172）。

图 6-172　建筑小品配景 5 表现步骤三

实例六：建筑小品配景 6 表现步骤。

步骤一：从左上角起笔绘制出棕榈，叶片注意交错和叠加（图 6-173）。

步骤二：以绘制好的棕榈为参考继续完善背景灌木丛，线条以圆叶形为主（图 6-174）。

图 6-173　建筑小品配景 6 表现
步骤一

图 6-174　建筑小品配景 6 表现步骤二

步骤三：画出画面中心的人物，然后绘制出背景建筑及灌木丛等中远景植物（图 6-175）。

图 6-175　建筑小品配景 6 表现步骤三

实例七：建筑小品配景参考图例（图 6-176、图 6-177）。

图 6-176　建筑小品配景参考图例 1

图 6-177　建筑小品配景参考图例 2

第七章 CHAPTER SEVEN 建筑风景表现技法指南与实例步骤

　　建筑风景的表现不同于植物组合的表现形式，首先，需要大家对透视有较为清晰的认识，能够理解和活用透视绘画的方法；其次，需要大家掌握一些关于建筑的基础知识，对建筑类别及其结构有一定的了解；最后，平时要注意仔细观察周边的建筑，多积累这方面的素材。

　　在实践表现中，一开始大家不要急于动手绘画，要选择好合适的视角进行初步构图并确定表现主题，找准主要建筑的形体特征后再起笔不迟。

　　在写生时由于客观条件的限制，我们不可能把建筑结构看得很清晰或者看起来是黑乎乎的不知从何下手，在这种情况下很多同学可能就真的把看不清的部分加深处理了，我认为这样做是不妥当的，还是需要大家适当绘制出部分主要结构，即使加深处理也不要把画面画堵了，这一点很重要。

第一节　建筑风景表现技法指南与实例步骤

　　建筑风景表现技法一般采用从左往右，自上而下的顺序进行绘画，可以事先用铅笔打底稿也可以直接采用钢笔来画，作者更倾向第二种方式。所谓建筑风景，表现重点自然是建筑，所以需要大家要把建筑的表现做到重点突出，而对于其他陪衬可适当简化处理，不能舍本逐末。

实例一：建筑风景 1 表现步骤。

步骤一：把握整个画面，确定好构图，从左侧开始绘制出乔木和建筑局部(图7-1)。

步骤二：以左侧绘制图为参考，依次向右侧绘制出建筑的大致轮廓，并准确衡量建筑的透视关系（图7-2）。

图 7-1　建筑风景 1 表现步骤一

图 7-2　建筑风景 1 表现步骤二

步骤三：继续丰富和完善建筑造型，并完成植物及标牌等相关辅助物的绘制，地面用排线的方法绘制出阴影以强化整个画面的视觉感受（图7-3）。

图 7-3　建筑风景 1 表现步骤三

实例二：建筑风景 2 表现步骤。

步骤一：确定好亭子的透视关系，从亭子顶部起笔完成顶部的绘制，注意建筑部件的画法（图 7-4）。

步骤二：按照亭子的结构继续丰富建筑细节，注意参考各自的比例关系（图 7-5）。

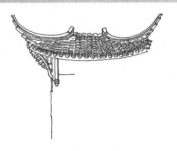

图 7-4　建筑风景 2 表现步骤一

图 7-5　建筑风景 2 表现步骤二

图 7-6　建筑风景 2 表现步骤三

步骤三：初步绘制出建筑周边的植物，两侧近景植物采用圆叶形的表现方式，后面的乔木则宜采用几字形的表现方式（图 7-6）。

步骤四：整体协调画面的平衡关系，完善细节，适当加深暗部阴影的表现（图 7-7）。

图 7-7　建筑风景 2 表现步骤四

实例三：建筑风景 3 表现步骤。

步骤一：从左侧建筑开始绘制，注意顶部瓦片的表现方式，线条不宜涂抹一次成型（图7-8）。

步骤二：参考左侧建筑绘制人物，背景树及晾衣绳上的衣物。注意衡量好人物的大小比例关系（图7-9）。

图 7-8　建筑风景 3 表现步骤一

图 7-9　建筑风景 3 表现步骤二

步骤三：自上而下绘制出右侧建筑，适当表现造型的暗部空间，同时用近乎水平的线条画出路面（图7-10）。

图 7-10　建筑风景 3 表现步骤三

实例四：建筑风景 4 表现步骤。

步骤一：确定好整栋建筑的基本特征与建筑构造，从建筑顶部开始起笔绘制瓦片，继续绘制出台阶、侧面墙体及低矮建筑的主要结构线（图 7-11）。

图 7-11　建筑风景 4 表现步骤一

步骤二：绘制出低矮建筑屋顶的瓦片、门扇、阴影区域，并绘制出桥的主要建筑线，同时勾画出部分树叶（图 7-12）。

步骤三：完成大树的绘制，认真组织线条，处理好枝干的穿插及前后关系，然后丰富桥下方的部分建筑（图 7-13）。

图 7-12　建筑风景 4 表现步骤二

图 7-13　建筑风景 4 表现步骤三

步骤四：为了使画面更具质感，可以继续丰富和深入刻画砖石、瓦片及水面等，进一步强化黑白对比(图7-14)。

图 7-14　建筑风景 4 表现步骤四

实例五：建筑风景 5 表现步骤。

步骤一：确定画面的构图并从左侧建筑开始绘制，注意建筑的透视关系 (图 7-15)。

步骤二：以已绘制左侧建筑为参照继续绘制右侧建筑，边画边比对确定彼此的大小比例及建筑结构，并画出路面(图 7-16)。

图 7-15　建筑风景 5 表现步骤一　　　图 7-16　建筑风景 5 表现步骤二

步骤三：继续绘制出右侧部分建筑，并完善路面及河流（图7-17）。

步骤四：完成其他建筑及辅助造型，用流畅的线条画出河流，线条不宜过于密集，在建筑后方画出白云来烘托氛围（图7-18）。

图7-17　建筑风景5表现步骤三

图7-18　建筑风景5表现步骤四

实例六：建筑风景6表现步骤。

步骤二：以步骤一为参考继续向右侧绘制建筑及人物，此时需要注意人物的大小比例，要与场景协调（图7-20）。

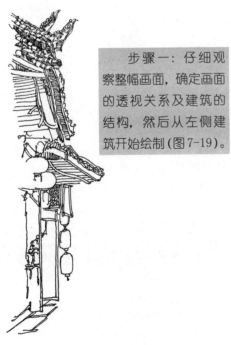

步骤一：仔细观察整幅画面，确定画面的透视关系及建筑的结构，然后从左侧建筑开始绘制（图7-19）。

图7-19　建筑风景6表现步骤一

图7-20　建筑风景6表现步骤二

步骤三：画出画面中部的过街桥洞及右侧建筑，并处理好左右衔接，从人物脚下画出路面条石（图7-21）。

图 7-21 建筑风景 6 表现步骤三

步骤四：深入刻画细节，添加植物及加深台阶等，使其更具层次感和空间感（图7-22）。

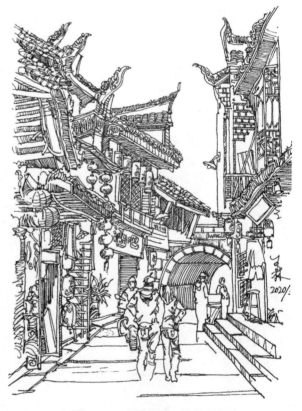

图 7-22 建筑风景 6 表现步骤四

实例七：建筑风景 7 表现技法步骤。

步骤一：从画面左上角屋顶起笔画出屋顶及小树，然后勾画出右侧建筑的轮廓线（图 7-23）。

图 7-23　建筑风景 7 表现技法步骤一

步骤二：以步骤一所绘制的造型为参考勾画出其他建筑，并画出矮墙上垂下的植物和芭蕉，用水平的折线画出水面（图 7-24）。

图 7-24　建筑风景 7 表现技法步骤二

步骤三：用线条勾勒出房顶的瓦片，画出画面中部的小桥及右侧的堤岸部分，然后勾画出后面的大树，最后画出水中的竹筏以平衡画面（图 7-25）。

图 7-25　建筑风景 7 表现技法步骤三

实例八:建筑风景 8 表现步骤。

步骤一:从画面左侧植物画起,再画出后面的建筑,注意建筑线条不能画到植物前面来。完成底座墙体及前侧植物的绘制(图 7-26)。

图 7-26　建筑风景 8 表现步骤一

步骤二:依次画出右侧部分建筑及植物,并用平缓的曲线画出水面(图 7-27)。

图 7-27　建筑风景 8 表现步骤二

步骤三:完善屋顶结构,用较短的双曲线画出瓦片然后加深建筑暗部,并从整体协调画面,增加画面左侧台阶处的植物与河道水纹,使画面构图更饱满,视觉感受更稳定(图 7-28)。

图 7-28　建筑风景 8 表现步骤三

实例九：建筑风景 9 表现步骤。

步骤一：用相对轻松的线条勾画出左半部分及中间拱形建筑，并画出人物，注意人物的大小比例（图 7-29）。

步骤二：参照已绘制的建筑继续绘制右侧建筑，然后以相对密集的排线方式表现出建筑的阴影，线条不宜过于密集而形成黑块（图 7-30）。

图 7-29　建筑风景 9 表现步骤一

图 7-30　建筑风景 9 表现步骤二

步骤三：继续完善整个建筑并实时注意建筑的大小比例关系，逐步完善建筑质感及内部空间，使整个画面更具美感（图 7-31）。

图 7-31　建筑风景 9 表现步骤三

实例十：建筑风景参考图例（图 7-32～图 7-35）。

图 7-32   建筑风景参考图例 1

图 7-33　建筑风景参考图例 2

图 7-34   建筑风景参考图例 3

图 7-35　建筑风景参考图例 4

第二节　写生与照片改绘

通过风景钢笔画速写的实践写生，可以提升大家对所画场景的整体观察能力、构图能力、表现及创作能力，能够快速提升大家的手绘水平。

写生前可以临摹些相对成熟的风景画作品，认真思考和总结临摹中遇到的问题，仔细琢磨钢笔画线条与造型表现方法，有一定基础知识及大量的临摹储备之后，自己再尝试独立进行写生，并在练习中慢慢消化逐步吸收，只要持之以恒相信大家都可以画出优秀的钢笔画作品。

照片改绘是在具备一定的钢笔画相关知识，并能独自临摹或默画出风景小品的前提下，逐步提高绘画水平的又一要求。风景照片的拍摄融入了摄影爱好者的审美及情感要素，我们在照片改绘时势必受其影响，所以要求大家不能完全照抄照片而是应根据自己的表现需要适当进行改动，使其更符合风景钢笔画的表现要求。

每个人对同一张照片的理解和感受并不一样，所以画出的作品风格及样式也各不相同，大家可以与老师沟通或与同学探讨，找出表现作品的问题和症结，积极改正，那么你的绘画水平会很快提高到一个新的水平。

实例一：写生表现步骤。

步骤一：仔细观察所画场景并安排好画面构图，从左侧植物画起，依次画出建筑屋顶的结构线条（图7-36）。

图 7-36　写生表现步骤一

步骤二：画出房屋前面的各类植物及窗户等，注意植物间的黑白对比（图7-37）。

图 7-37　写生表现步骤二

步骤三：丰富建筑屋顶结构及烟囱，画出房屋左侧草坪及前方小路，然后画出右侧雪松（图7-38）。

图 7-38　写生表现步骤三

步骤四：进一步用线条强调建筑屋顶的结构，用较为概括的手法完善右侧雪松，适当强调一下整体画面的暗部（图7-39）。

图 7-39　写生表现步骤四

实例二：照片改绘 1 表现步骤。

照片改绘所用原图（图 7-40）。

图 7-40　照片原图 1

步骤一：仔细观察照片并确定建筑的透视关系，用线条勾画出建筑的基本框架和植物造型（图 7-41）。

图 7-41　照片改绘 1 表现步骤一

步骤二：勾画出窗户、门扇、屋顶等建筑部位并进一步丰富植物，画出地上的小路（图 7-42）。

图 7-42　照片改绘 1 表现步骤二

步骤三：继续勾画出建筑的各部件并刻画屋顶及窗子等处，画出建筑右侧的大树及其他灌木丛，用排线的方式适当表现房檐底侧及灌木丛处的暗部，同时勾画出草坪及灯饰（图7-43）。

图 7-43　照片改绘 1 表现步骤三

实例三：照片改绘 2 表现步骤。

照片改绘所用原图（图 7-44）。

图 7-44　照片原图 2

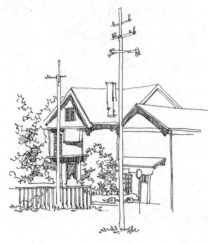

步骤一：仔细观察照片并合理构图，保证画面右侧有足够的表现空间，从建筑左侧画起，初步表现照片左侧部分，建筑线条要流畅（图 7-45）。

图 7-45　照片改绘 2 表现步骤一

步骤二：绘制出路灯杆，然后接着步骤一所完成的部分画出茂盛的小树及栅栏，继续向右侧绘制建筑（图 7-46）。

图 7-46　照片改绘 2 表现步骤二

步骤三：深入刻画房顶及建筑结构部件并画出电线、小鸟等丰富画面的要素，画出草坪，用排线的方式勾画出栅栏后面的灌木丛，使整幅画面更具空间效果（图 7-47）。

图 7-47　照片改绘 2 表现步骤三

实例四：照片改绘 3 表现步骤。

照片改绘所用原图（图 7-48）。

图 7-48　照片原图 3

步骤一：整体观察画面，明确画面表现主题，然后从画面左前方植物开始绘画，并勾勒出建筑的大致形体（图 7-49）。

图 7-49　照片改绘 3 表现步骤一

步骤二：继续完善建筑，勾画出建筑窗扇、台阶等（图 7-50）。

图 7-50　照片改绘 3 表现步骤二

步骤三：用横向条纹画出屋顶并适当表现出建筑阴影，完成画面右侧的大树、屋顶的植物及草坪部分（图7-51）。

图 7-51　照片改绘 3 表现步骤三

步骤四：深入刻画暗部结构并进一步丰富草坪，使之更好地烘托画面（图7-52）。

图 7-52　照片改绘 3 表现步骤四

实例五：照片改绘参考图例（图7-53～图7-58）。

图7-53　照片改绘参考图例1

图 7-54　照片改绘参考图例 2

图 7-55　照片改绘参考图例 3

图 7-56 照片改绘参考图例 4

图 7-57　照片改绘参考图例 5

图 7-58　照片改绘参考图例 6